Webエンジニアのための

監視システム実装ガイド

株式会社ハートビーツ 馬場 俊彰 [著]

はじめに

本書はシステム監視（モニタリング）という非常に渋い専門領域の入門書です。わたしは10代の頃からこの20年ほどインターネット関連の、いわゆるWebサービス・Webシステムのシステム運用・設計・開発を生業とし、その期間の多くでシステムの監視や運用管理に携わってきました。

わたしの気質は支援型です。MMORPGでも基本的にバッファかヒーラを選びます。何かやるときは組織の幹部にはなりますがトップになることはほとんどありません。とはいえたまに自分が最前線に・トップに立つこともありますが、できれば誰かを支援したい。わたしはインターネットやWebサービスが好きです。毎日何時間も使っています。わたしはコンピュータシステムの運用フェーズが好きです。

システムが生きている感じがするのがいいんです。わたしのエンジニアとしてのキャリア全てがインターネットと共にあります。ときどき「エンジニアをしていなかったら何をしていると思う?」と聞かれても、いつも「想像できない」と回答してしまいます。そんなわたしにとってシステム監視は非常に相性の良い役割で、自分の気質・能力にあった専門性を獲得し社会に貢献できるポイントでした。

というわけで、わたしが大好きなシステム監視という役割をより広くみなさんに知っていただくきっかけになり、そして願わくばシステム監視の魅力により多くの方が触れシステム監視の意義や役割が広がっていくことに、本書が貢献することを願っています。

査読にご協力いただいた同僚の滝澤さん (@ttkzw)、宮森さん、松本さんありがとうございました。

本書の執筆にあたり根気よく支えてくれた妻や子どもたちに大変感謝しています。また執筆の機会をいただいたマイナビ出版の畠山さん、伊佐さんにこの場を借りて御礼申し上げます。

2020年2月 馬場俊彰

著者略歴

株式会社ハートビーツ **馬場 俊彰**（ばば としあき）

静岡県の清水出身。電気通信大学の学生時代に運用管理からIT業界入り。MSPベンチャーの立ち上げを手伝ったあと、中堅SIerにて大手カード会社のWebサイトを開発・運用するJavaプログラマを経て現職。在職中に産業技術大学院大学に入学し無事修了。現在はソフトウェアエンジニア・インフラエンジニア・技術統括責任者として運用現場のソフトウェアエンジニアリング推進に従事。現在メインのプログラミング言語はPythonとGo。執筆環境はVim(Neovim)とMkdocs、pptrhtmltopdf、ArchLinux。

対象読者

本書はこれからシステムの監視や運用改善に取り組むWebエンジニアの方を主な対象読者として想定しています。 Webサービス・Webシステムそのものの基本的な技術要素については別途書籍を参照するなどの対応をお願いいたします。 開発者の方でインフラ寄りの知識を獲得したい場合は拙著「Webエンジニアが知っておきたいインフラの基本 https://book.mynavi.jp/ec/products/detail/id=33857 」をお勧めします。

本書で主に対象としているのはインターネットを経由して利用（提供）するサービスおよびそのシステム、俗にWebサービスと言われる領域のシステムです。 ネットワーク接続性を持たないシステムや、工業系・制御系のシステムは対象としていません。本書からの知識の活用にあたっては、知識・手法がご自身の直面している課題に適しているかご判断ください。

用語集

監視

- 対象を継続的に観測し、観測結果を判定して異常を検知し、通知する行為
- モニタリングとも呼ばれるが、文脈や時代によりスコープがかなり変わる
- 詳しくは本文参照

監視サーバ

- 監視システムが稼働している側。与監視側

監視対象

- 監視テクノロジを利用して観察される側。被監視側

監視項目

- 個々の観測項目。この観測項目の観測値を正常性判定し異常を検知する

アラーティング

- 異常を検知し、通知を行うこと

アラート

- 異常を検知した旨の通知

発報

- 通知を行うこと

インシデント

- 直接の語義は「出来事」
- システムの構成要素あるいはシステム全体が、利用に支障のある状態となっていること。障害とも呼ばれる
- アラートが発報したことを指す場合もあるが、システムでの異常検知（アラート）と実際の確認済みの異常（インシデント）を使い分けることが多い

インシデント対応・インシデントレスポンス

- 障害対応とも呼ばれる
- 異常状態に対応することを指す

エスカレーション

- 上司や専門家などに連絡すること
- より権限や専門職能が強い人物に判断を仰いだり行動を委嘱したりするために行うことが多い

オンコール

- 電話でアラートを通知すること、または電話でアラートの通知を受けること

ページャ

- もともとはポケットベルのこと
- 携帯電話網を通じて短いテキストメッセージを受信できる、受信専用携帯機器
- ページは、ページャにメッセージを送る行為のこと
- 現代では、短いテキストメッセージを受信する端末、あるいはその方法という意味で利用されることがある

参考

- 計測システム工学の基礎 (第 3 版) 西原 主計、山藤 和男、松田 康広
  https://www.morikita.co.jp/books/book/1410
- Web エンジニアが知っておきたいインフラの基本
  https://book.mynavi.jp/ec/products/detail/id=33857
- SRE サイトリライアビリティエンジニアリング
  https://www.oreilly.co.jp/books/9784873117911/
- 入門監視
  https://www.oreilly.co.jp/books/9784873118642/

目次

Chapter 3

監視テクノロジの基礎

Chapter 4

監視テクノロジの導入

Chapter 5

監視テクノロジの実装

Chapter 6

インシデント対応実践編

Chapter 7

監視構成例

Chapter

1

監視テクノロジの動向

1.1 システムにまつわる残念な事実

監視テクノロジについて語る前に、システムにまつわる残念な事実を2つ押さえておきます。

- システムは何もしないと壊れる
- システムはよくわからない状態になる

システムを構築したあと何もしないと……壊れます。壊れる、というのは、物理的にはもちろんのこと、システムをとりまく環境の変化により、ある日突然今までどおりに利用できなくなることがままあります。利用しているライブラリやサービスのバージョンアップ、利用しているクラウドサービスの仕様変更やサポート終了、提供終了などの影響を受け、今までどおりの動作が実現できなくなることがあります。

また、システムはよくわからない状態になります。複雑化した現代のシステムにおいては、システムがどう壊れるかは神のみぞ知る領域です。残念ながらシステムはどう手を尽くしても「よくわからない状態」になります。特に壊れかけの時にはよくわからない状態になりがちです。主な要因は前述のハードウェアやライブラリ、サービスなどで、特にハードウェアは現実世界（＝アナログ）の影響を強く受け、ソフトウェアの世界では想定しきれない中途半端な状態になることがあります。

どれだけ技術力の高いエンジニアが設計・構築しても「きれいに落ちたのでうまく切り替わった」「中途半端に落ちたので不整合がおきた」というシチュエーションは避けられません。

プロのエンジニアが何を言っているんだと思うかもしれません。わたしもそう思います。しかし現実に「よくわからない状態」になることはままあり、解明には時間がかかります。

監視テクノロジについて学ぶにあたり、まずはこの2つの事実を覚えておいてください。

- システムは何もしないと壊れる
- システムはよくわからない状態になる

本書では主にインターネット経由で利用可能なサービス (Web サービス・Web システム) を想定しています。

インターネット経由で利用するサービスは利用者側の環境の多様性が大変豊富です。言語、画面サイズ、OS、OS バージョン、ブラウザ、ブラウザバージョン、ブラウザ設定 (Cookie 利用可否、JavaScript 利用可否、広告ブロックなど)、ネットワーク帯域、ウィルスチェックソフトによるフィルタリング、所属組織のプロキシサーバによるフィルタリングなど様々な要因があり、サービス運営各位は大変な困難を乗り越えて安定したサービスを提供してきました。ネットワークも最近は固定回線ではなくモバイル回線がシェアを伸ばしており、モバイルであれば移動しながらの利用で通信中の回線切断・切り替えが頻繁に発生します。このようにユーザサイドが多様になりアクセス経路が多様になりで不確定要素が多い中でサービスの発展が続き、SPA（Single Page Application）や PWA（Progressive Web Apps）、スマホアプリなど新たな利用形態が生まれました。

サーバサイドでは、インターネットの普及に伴う利用者の増加に対応するためにシステムが大規模になってきました。また単位時間あたりの処理性能を上げるために結果整合性（Eventual Consistency）ベースの一貫性を活用したシステムが増えました。システムの複雑さを減らして認知負荷を下げ改修難易度を上げるために、SOA（Service Oriented Architecture）や Microservices の活用が進んでいます。しかしこれらは適切な状況で導入しないと局所的な複雑度を下げるかわりに全体の複雑度が上がる可能性があり、システムの提供価値、システムの理解しやすさ、システムの改修の容易さを並立させることはたいへん難易度が高いチャレンジです。

これからシステム監視について学ぼう！という段階でこのようなシステム構成や開発体制、価値提供における課題の話が出るのは奇妙に思うかもしれませんが、そんなことはありません。システムの価値創出を支え・伸ばすことも監視テクノロジの使命のひとつです。本書を通じて監視テクノロジに関連した幅広い知識・価値の認識を獲得し、本書を監視テクノロジ活用の足がかりにしてください。

1.2 監視テクノロジの 2 つの志向性

筆者はシステムの「監視」あるいは「モニタリング」と呼ばれるジャンルにおいて、狭義の監視は**定期的・継続的に、観測し異常を検知し復旧させること**を指し、広義の監視は**定期的・継続的に、観測しシステムの価値を維持・向上させる営みの全て**を指すと考えます。

かつて監視テクノロジは狭義の監視を念頭に開発・利用されてきましたが、広義の監視を前提とした世界観に変化してきました。

監視テクノロジには、おおまかに 2 つの志向性があります。

筆者は**チェック志向**と**メトリクス志向**と呼んでいます。

チェック志向は異常検知を志向しており、**メトリクス志向**は状況把握を志向しています。

なお本来の語義は、**チェック**は動作を確認する行為自体を指し、**メトリクス**は状況を示すデータ自体を指します。

チェック志向の監視テクノロジは、異常を迅速・確実に検知することに力点を置いて実装されています。チェック志向の監視システムは狭義の監視のニーズを満たすことを志向したものです。

表 1.1：チェック志向監視テクノロジとメトリクス志向監視テクノロジの比較

まとめ	チェック志向	メトリクス志向
特性	異常検知	状況把握
典型的な動作	定期的に監視対象の動作確認を行う(HTTP応答など)	定期的に監視対象の状況を示すデータを取得・収集する(CPU利用率など)
典型的な出力	異常を通知するメール	監視対象の状況を示すグラフ
主に満たすニーズ	狭義の監視(**定期的・継続的に、観測し異常 を検知し復旧させること**)	広義の監視(**定期的・継続的に、観測しシステムの価値 を維持・向上させる営みの全て**)

メトリクス志向の監視テクノロジは、稼働状況のデータを記録・収集することに力点を置いて実装されています。メトリクス志向の監視システムは広義の監視のニーズを満たすうえで必要不可欠です。最近の監視システムはメトリクス志向で、メトリクスを中心に据えた上でチェック志向のシステム・ツールを併用することが多いです。

システムの「監視」あるいは「モニタリング」と呼ばれるジャンルのプロダクトやサービスを利用する際は、広義の監視と狭義の監視のどちらを目的とし、チェック志向とメトリクス志向のどちらをどのように実装し、結果としてどの程度実現しているものなのかを意識するとよいです。

監視テクノロジは、かつては監視（Monitoring）= チェック、計測（Measurement）= メトリクス、という棲み分けがなされていました。

異常検知と状況把握はシステム運用においてどちらも必要な要素ですが、システム運用の課題の全てをどちらか片方のアプローチだけで解決しようとすると無理が出る場面が多いです。うまく併用する必要があるということを念頭において本書を読み進めてください。

Note：監視テクノロジ市場の盛り上がり

一昔前は、筆者の体感では監視テクノロジはインターネット・Web 業界において比較的マイナーな業種でした。しかし Web サービスが創出する価値が認識されるにつれ重要性についての認知が広がり、市場として認識されるようになってきました。今では多くの企業が市場に参加していてかなりアツい市場になりました。後述するように、チェック・メトリクスというコアな部分だけでなく、周辺ツールを提供する企業も増えています。本書を通じて監視テクノロジの歴史や転換点、監視テクノロジの評価ポイントを把握し、テクノロジとしても市場としても楽しめるようになってください。

1.3 監視テクノロジの動向

本章では、監視テクノロジの動向と、その背景、具体的な変遷を紹介します。歴史を知り歴史から学びましょう。

なお監視について考える時は、監視対象 (監視される側) についての理解が必要不可欠です。またシステムそのものについての知識・理解の深さだけでなく、システムの意義・システムを取り巻く環境など広さの観点も必要です。

本章では特に Web システムの監視テクノロジに注目して動向を振り返ります。

1.3.1 ～ 2000 年代

この頃 Web システムが一般に利用され始め、OSS を活用し PC サーバを利用して Web システムを構築し Web サービスを運用することが一般的になりました。

この頃の監視テクノロジに対するニーズは大変シンプルで、監視は基本的にチェックを指していました。

チェックとメトリクスは別で扱われており、それぞれ別のプロダクトを利用していました。チェックの実施間隔、メトリクスの取得間隔ともに 5 分に 1 回程度の頻度でした。

この頃の代表的な監視 OSS は、次の組み合わせが多く採用されていました。

- 監視 : Nagios（NetSaint から改称 : History of Nagios. https://www.nagios.org/about/history/）
- メトリクス収集・可視化 : MRTG や Cacti

MRTG や Cacti は、メトリクスのデータ保存に RRDtool を利用しています。

1.3.2 2000年代後半～

Webサービスが一般に浸透し、Webシステムが取り扱うトラフィックが増え、Webシステムが大規模化してきました。

大規模化に伴い同じ役割のサーバを多数構築・運用するニーズが増え、インフラの自動構成ツールやテストツールが登場しました。

- インフラの自動構成ツール：Chef、Puppet、Ansibleなど
- インフラのテストツール：Serverspecなど

インフラの管理手法が変化するに連れ、監視テクノロジも変化しました。多数のサーバを取り扱うことができる性能・容量が求められ、それらを実現する改善が加えられてきました。

Column：この頃の国内Webシステム界隈

Webシステムは以下のような特徴を持つことが多くあります。

- インフラの自動構成ツール：Chef、Puppet、Ansibleなど
- インフラのテストツール：Serverspecなど

そのためOSSを活用することで、費用・性能・機能などをエンジニア自身の手でコントロールしながらWebシステムを構築する手法が主流になりました。

国内のWebサービスにおいては以下の書籍がたいへん大きく影響しました。

- 2008/8/7発売 [24時間365日] サーバ/インフラを支える技術
  https://www.amazon.co.jp/dp/4774135666/
- 2009/8/21発売 4Gbpsを超えるWebサービス構築術
  https://www.amazon.co.jp/dp/4797354364

折しもWebエンジニア界隈は勉強会ブームとなり、入門のハードルが低い・その気になればすべて自力でなんとかできるOSSが大流行しました。

またWebサービスの価値が向上したことに伴いWebサービスに求められる可用性が向上したことを受け、この頃の監視システムのチェック実施間隔は以前より短くなり1～3分に1回程度になってきました。

1システムで扱うサーバが増え監視対象の総数が増えたこと、監視間隔が従来の1/2～1/5と短くなったことから、監視システムの処理量は一気に膨れ上がりました。

表1.2：2000年代後半に起きた変化の例

8台構成のシステムが80台構成になった場合の例	監視対象サーバ数	5分あたりのチェック実行数	1分あたりのチェック実行数
～2000年代	8	8	1.6
2000年代後半～	8 x 10 = 80	80 x 5 = 400	80

チェック志向の監視テクノロジに対する性能要求が一気に厳しくなり、各プロダクトともにチェックの同時実行性能向上の取り組みが行われました。例えばNagiosでは多くのサーバを遅滞なく監視するために、キューを用いて複数サーバにチェック処理を分散する実装が登場しました。

メトリクスは、Gangliaなどの分散システムを前提としたモニタリングツールが注目されました。Gangliaもデータ保存にはRRDtoolを利用していますが、データを集めるところの仕組みがMRTGやCactiとは異なり、データを回収しに行くのではなくデータを相手から送ってもらい受け取る形になりました。

1.3.3 2010年代～

2010年代に入り、クラウドインフラが市場で認知・活用されはじめました。日本では2011/3/2にAWSの東京リージョンが開設され、直後の東日本大震災の影響でDR(Disaster Recovery = 災害復旧)やインフラ仮想化のニーズが急速に高まりました。

- AWS 10 年の歩み ~ 沿革 ~
  https://aws.amazon.com/jp/aws_history/details/

クラウドインフラによりネットワーク・サーバなど Web システムのインフラがソフトウェア化し、物理的な制約がなくなったことでサーバの扱いが変わりました。

この頃のインフラの変化を示す 2 つのキーワードが Pets to Cattle（ペットから家畜へ）と Disposable（廃棄可能）です。

インフラの変化に伴って監視テクノロジも大きく変化しました。

- 監視システム側の設定を動的に変更する手法の登場
  - 監視対象を動的に構成する
  - オーケストレーションツールなどと連動し、監視システムの監視対象設定を自動更新する
  - 監視システム側では個別対象の特定を不要とし、渡されたデータを採用する

Column：Pets to Cattle (ペットから家畜へ) と Disposable (廃棄可能)

かつてサーバはそれぞれに特徴的な名前をつけ、1 台 1 台大切に管理するものでした。惑星の名前、星座の名前、力士の名前など、それぞれの現場でシリーズ化されていたものです。

規模化・クラウド化に伴い、同質のサーバが多数稼働するようになりました。またサーバはインスタンスと呼ばれ、永続性を持たない即時生成・破棄可能なものになりました。

このような流れで、サーバは 1 台 1 台を識別し丁寧に管理するものから、量として扱うものに変化しました。

命名は機械的にロール名 + 乱数 or 連番が主流になりました。サーバ上で稼働するプログラムやサーバの周辺プロダクト (監視システムなどはまさに) は監視対象が破棄・生成されることが正常動作である前提での機能実装が必要になりました。

- 動的な系に対応するために監視システムの即時性が向上
  - 異常検知間隔を短くし、迅速に異常対処するようになった
  - インフラがソフトウェア化したので、ソフトウェアでのリアクションができるようになった
- インフラ調達が簡単になり、データ容量制約がゆるくなったので大容量データが扱えるようになり、項目詳細化・高解像度化が進捗

この頃の監視システムは1分に1回程度、各種メトリクスを収集・記録するようになりました。メトリクスをもとに正常性判定を行い、補助的にチェックを利用することが増えました。

この頃の代表的な監視OSSはSensuです。またSaaSのDatadog、New Relic、Mackerelなどが利用され始めました。

1.3.4 2010年代中盤～

最近は深化の時代です。

監視システムからの調査ではなく、実際のユーザ(システム利用者)の利用状況をユーザ自身の環境(あるいはそれに酷似した環境)で計測する、RUM(Real User Monitoring)が登場しました。またアプリケーションプログラムの関数呼び出し単位のパフォーマンスまでモニタリングできるAPM(Application Performance Monitoring)が普及しはじめました。

チェックと異常検知時の簡単な対応が組み込まれた、自己修復機構を備えたインフラが増えてきました。より即時性が高く真に迫ったデータを得るために、メトリクス取得間隔が1分に1回を上回るプロダクトもでてきました。

この頃の代表的な監視OSSはPrometheusです。またSaaSのDatadog、New Relic、Mackerelなどは当然の選択肢として定着しました。

インフラのソフトウェア化がさらに進み、また1つのWebサービスを複数のコンポーネントに切り分けるマイクロサービス(Microservices)が提唱され、そこからリアリティのあるモニタリングデータを取得する流れであるO11y(=Observability 可観測性)

のムーブメントが生まれました。

1.4 Webシステム運用の文化

Webシステムの歴史を語る上で、運用面のDevOpsとSREの文化は外せません。

DevOpsについては2009年のO'Reilly Velocity Conferenceでの発表10+ Deploys Per Day: Dev and Ops Cooperation at Flickrが有名です。

10+ Deploys Per Day: Dev and Ops Cooperation at Flickr

https://www.slideshare.net/jallspaw/10-deploys-per- day-dev-and-ops-cooperation-at-flickr

DevOpsについて上記のVelocity Conferenceを主催するO'Reillyは以下のとおりまとめています。

> Then, in 2008, O'Reilly Media ran the first Velocity conference. Velocity was founded on the same insight: that web developers and web operations teams were often in conflict, yet shared the same goals and the same language. It was an effort to gather the tribe into one room, to talk with each other and share insights. Much of the DevOps movement grew out of the early Velocity conferences, and shares the same goal: breaking down the invisible wall that separates developers from IT operations.
>
> The evolution of DevOps - O'Reilly Media https://www.oreilly.com/ideas/the-evolution-of-devops

DevOpsの考え方は、sysadmin(operation engineer)のものだったインフラ運用を全員の関心事にしました。そして監視も全員の関心事にしました。

```
breaking down the invisible wall that separates developers from
IT operations
```

です。

そして運用や監視が全員の関心事になり、広義の監視が発達するきっかけとなりました。2016年にSRE(Site Reliability Engineering)とSREs(Site Reliability Engineer)についてGoogleでの取り組みをまとめた書籍Site Reliability Engineering[1]が発売されました。原文がWebサイトで公開されていたこと[2]、先進企業の典型であるGoogleでの取り組みであること、多くのエンジニアの課題感に合致したことなどから、SREという言葉が爆発的に広まりました。

SREは、複雑で大規模なコンピュータシステムを運用するときにシステムの成長・拡大に比例して運用系エンジニア数がどんどん増えてしまうのをなんとかしたいというモチベーションのもと、複雑で大規模なコンピュータシステムの運用をソフトウェアエンジニアリングとしてあるべき姿にすること、組織構造的な対立をなくすことを基本的なコンセプトとしています。

オペレーションエンジニアを全廃しソフトウェアエンジニアが運用フェーズでやらねばならぬことをやるためにソフトウェアエンジニアによる伝統的オペレーションの破壊・再定義・置換を行うこと、伝統的オペレーションを排するために会社がSREを支持・支援することをコアプラクティスとしています。

DevOpsもSREも、エンジニアが主体的に・今までの手法や領域にこだわらず・課題に対して適切なアプローチを行う、という点では大差ありません。 専門化した結果排他的になり全体最適の観点で効率が落ちてきていた現状に対する揺り戻しであり、エンジニアが社会でより役立つ存在になるために必要な変化だと考えます。

1 Site Reliability Engineering - O'Reilly Media http://shop.oreilly.com/product/0636920041528.do

2 Google - Site Reliability Engineering https://landing.google.com/sre/

Chapter

2

監視テクノロジの概要

本章では監視テクノロジの概要として、監視システムのアーキテクチャレベルのポイントを解説します。

2.1 監視テクノロジで実現したいこと

繰り返しになりますが、狭義の監視は**定期的・継続的に、観測し異常を検知し復旧させること**を指し、広義の監視は**定期的・継続的に、観測しシステムの価値を維持・向上させる営みの全て**を指します。

サービス・システムは利用されることで利用者に価値を提供します。社会におけるインターネット・Web サービス・情報システムの重要性が高まり、狭義の監視の重要性が高まりました。

特に昨今の Web サービスは、利用されながら継続的に改善を重ね、その価値を日々強化していくものになり、広義の監視の重要性が高まりました。

監視テクノロジを通じて、異常検知と復旧、システムの価値提供・価値向上の営みを継続的に実現しましょう。狭義の監視の観点では、監視テクノロジで達成することは端的に以下のように表現できます。

> システム監視とは即ち以下の 4 項目のことです。
>
> 1. 「正常な状態」を監視項目 + 正常な結果の形で定義する
> 2. 「正常な状態」でなくなった際の対応方法を監視項目ごとに定義する
> 3. 「正常な状態」であることを継続的に確認する
> 4. 「正常な状態」でなくなった場合には「正常な状態」に復旧させる。必要に応じて再発防止策を講じる
>
> 特に注意してほしいのは、1 ～ 4 がセットだということです。監視項目には正常な状態と対応方法が必ずセットです。これらは「復旧」方法ではなく「対応」方法なのです。対応方法が復旧方法のこともありますが、事象によっては復旧ではなく別のゴールを目指すこともあるため敢えて対応方法としています。
>
> 『Web エンジニアが知っておきたいインフラの基本』 より
>
> https://book.mynavi.jp/ec/products/detail/id=33857

広義の監視はスコープが広くなりすぎるため、まずは狭義の監視を念頭に監視テクノロジ / 監視システムの概要を紹介します。

狭義の監視**定期的・継続的に、観測し異常を検知し復旧させること**において目指すゴールは可用性の向上です。

Note：エンジニアリングを念頭に！

監視テクノロジはエンジニアリングのための道具です。筆者はエンジニアリングを課題の発見と解決と定義しています。監視テクノロジは狭義の監視**定期的・継続的に、観測し異常を検知し復旧させること**と広義の監視**定期的・継続的に、観測しシステムの価値を維持・向上させる営みの全て**の両方を実現するための強力なツールです。監視テクノロジはうまく使うとエンジニアリングを強力に支援してくれますがツールだけではエンジニアリングは果たせないので、システムに関わる全員が強力に・主体的に関与する必要があります。

特にトラブル発生中は原則を堅持し原則通りにすべきときもあれば、原則を曲げてでも柔軟に対応すべきときもあります。俗に守破離という通り、原理原則を習得した後はエンジニアリングの、創意工夫の楽しみが待っています。**No Silver Bullet**（銀の弾丸などない）を胸に刻み継続的にエンジニアリングに取り組みましょう。

2.2 可用性の測り方

可用性 (Availability) が高いとは、利用可能である度合いが高いということを示します。 可用性はパーセントで表現され、9 が並ぶことが多いです。

例 : 99.95%、99.99%、99.9999%

かねてより可用性の計測には Uptime（稼働時間） が用いられてきました。可用性を時間ベースで考える場合、一ヶ月の可用性が 99.98% であれば、月に 10 分程度利用不可能であったということを示します。

$$\left(1 - \frac{10\text{分}}{30\text{日} \times 24\text{時間} \times 60\text{分}}\right) \times 100 = 99.98\%$$

Example：時間ベースの可用性の計算例

クラウドサービスでよくある可用性数値 (月間 Uptime) と、その時の利用不可となりうる時間 (月 720 時間で試算)

可用性	利用不可となりうる時間	備考
99.95%	約1296秒(約22分)	IaaSのインスタンス単体でよく見られた
99.99%	約259秒	フォーナイン(9が4個)とも呼ばれる
99.999999999%	約0.03ミリ秒	イレブンナイン(9が11個)とも呼ばれる

Note：時間ベースの可用性を採用するときに監視システムの実装から生じる制約

時間ベースを指標として用いる場合、監視システムのチェック実施間隔に注意する必要があります。例えば 10 分間隔のチェックを行っている場合、月の可用性は約 0.02% 単位で変動します。そのためチェック実施のタイミングによっては、実際には 1 分間のダウンが 2 回であっても 10 分ダウン x 2 が計上され可用性が 99.96% と算出される可能性があります。

かつて可用性の計測において、稼働している / していないは簡易な確認で判定していました。具体的には、サーバであれば電源が ON でネットワークアクセスできること、Web サーバプログラムであれば HTTP リクエストに対し HTTP レスポンスが返却されること、サービス全体であればトップページの URL にアクセスすると HTTP レスポンスがレスポンスコード 200 で返却されることなどです。

サービスに接続不可能な場合はスッキリと「全く利用可能でない」といえます。応答が遅延しているが待っていれば曲がりなりにも応答があり「全く利用可能でない、とまでは言えない」状況は「利用不可能ではないからダウンではなく、可用性の低下ではない」と言えなくはないのですが、その状況のシステムを「利用可能である」とするのはサービス利用者の視点では受け入れ難いものがあります。

単に機能仕様書のとおりに動作しているというだけに留まらず、応答速度などの性能・可用性・セキュリティなど非機能要件も考慮する必要があります。特に非機能要件は曲者です。サービス利用者を基準に考えると、非機能要件の要求水準はサービス利用者の持つその時々の常識的な期待水準を参考にすべきです。サービス利用者の期待水準は業界標準や市況など外部要因で変動するため要求水準を適宜見直す必要があります。

そこで最近はシステム全体の可用性については、時間ベースではなくリクエストベースで算出することが増えてきました。時間ではなく、リクエストのエラーや遅延の状況をもとに、許容範囲内の応答を返せたリクエスト数の割合で算出します。

Note：**時間ベースの可用性を達成するうえでのポイント**

時間ベースの可用性を指標として用いる場合、MTBF(Mean Time Between Failure = 平均故障間隔) と MTTR(Mean Time To Repair = 平均復旧時間) の 2 つの指標は大変重要です。

例えばシステムの一部が MTBF が 1 週間、MTTR が 3 分であった場合、システム全体で毎月 99.98% の可用性を計画するのは無理というものです。

初級者向けの試験で出たような項目は、このようなときに大変役立ちます。

リクエストベースの算出を行うということは、(CDN などを利用するため) ログすら取得できないような全断はほぼないという前提のもと、ユーザの利便性に目を向けるという変化でもあります。サービス利用者がその期待水準を満たす利便性でサービスを利用できてはじめて OK とする考え方です。

リクエストベースの算出方法はサービス運営者の視点でもメリットがあります。サービスにとって繁忙期の Uptime 5 分と閑散期の Uptime 5 分は価値が違います。繁忙期の 5 分のほうが圧倒的に重要です。時間ベースだと測りきれないこの違いは、リクエストベースであれば比較的リーズナブル（合理的）に考慮することができます。このようにリクエストベースの算出方法はサービス利用者にとってもサービス運営者にとってもリーズナブルなので、採用されることが多くなってきています。

Note：時間ベース・リクエストベースとその先の可用性計算手法

大規模 Web サービスのような分散システムでの適切で妥当な可用性の計算手法はまだ決定打がありません。

最近発表された Meaningful Availability という論文では、時間ベース（Time-based)、リクエストベース（Count-based）に代わる Windowed user-uptime という手法が提案されています。興味がわいたら深堀りしてみてください。

Meaningful Availability | USENIX
https://www.usenix.org/conference/nsdi20/presentation/hauer

なおシステム全体ではなくコンポーネント単位の可用性に於いては時間ベースを利用することが多いです。

Note：可用性指標の妥当性の検討

可用性の指標が妥当かどうかを判断するのはすごく難しいです。

筆者が知っている中で最も優れている判断基準は「その数値が上がるとユーザ（システム利用者）が嬉しいか」「その数値が下がるとユーザ（システム利用者）が悲しいか」を価値基準とする考え方です。ひとくちにユーザと言っても性質が多様でひとくくりにはできないかもしれませんが、システムはユーザ（システム利用者）に価値を提供するために存在しているわけで、この基準を心に留めておくのは妥当で適切だと考えます。

2.3 監視システムの種類

最近の監視システムは以下のジャンルがあります。

表 2.1：監視システムのジャンルと代表的なツール

ジャンル	概要
チェック	チェックのためのツール。Nagios、Prometheus(AlertManager)、Datadog Synthetic など
メトリクス[1]	メトリクスのためのツール。Cacti、Prometheus、Datadog など
ログ	ログ管理・集約のためのツール。Sentry、Elastic Stack など
トレース	処理のトレースのためのツール(マイクロサービスなど分散システムの場合に利用する)。Jaegerなど
APM	APMのためのツール。OpenTelemetry(OpenCensus)など

本章では、まずはどのジャンルでも適用できる基本的な概念について説明します。

Note：メトリクスの発展型

第 1 章で紹介したとおり **Observability** という概念が提唱され徐々に普及しています。

Observability は単にメトリクスをたくさん取得できるようにするという意味ではなく、メトリクスを通じてシステムの内部状態を正確・迅速に把握することを目指しています。

Kubernetes などを推進する CNCF（Cloud Native Container Foundation）では、以下の 3 要素を Observability の 3 本柱 として提唱しています。特にコンテナテクノロジや Kubernetes、サービスメッシュを使う環境の場合は押さえておきましょう。

- Metrics
- Logs
- Traces

1　システムリソースの利用状況を表すメトリクスを俗にリソースメトリクス、システムの動作状況や結果・成果を表すメトリクスを俗にワーキングメトリクスと呼びます

参考

- Keynote: ...What Does the Future Hold for Observability? - Tom Wilkie & Frederic Branczyk - YouTube
  https://www.youtube.com/watch?v=MkSdvPdS1oA&feature=youtu.be
- Grafana Labs at KubeCon: What is the Future of Observability? | Grafana Labs Blog
  https://grafana.com/blog/2019/05/27/grafana-labs-at-kubecon-what-is-the-future-of-observability/

監視システムを導入し運用するという観点では、さらに以下のジャンルのツールが必要になります。

表 2.2：監視運用のためのシステムのジャンルと代表的なツール

ジャンル	概要
通知	発報[2]されたアラート[3]を必要な相手に届けるツール。メール、電話、SMS、Slackなどのチャットなど
コミュニケーション	アラートの対応を行う上でリアルタイム/セミリアルタイムコミュニケーションに利用するツール。Slackなどのチャット、メーリングリスト、電話など
ドキュメント	仕様(システムの目的・要件・概要・設計・構成)や、手順(アラート確認手順・対応手順・作業手順)、イベント(リリースやメンテナンスなどのシステムイベント、キャンペーンなどの内発的サービスイベント、年末年始などの外発的イベント)などのドキュメントを集約・保管・参照するツール。GitHub/GitLabなど開発管理システムのWiki機能など
チケット	アラートの対応状況や履歴を管理するツール。メーリングリストやRedmine、GitHub/GitLabなど開発管理システムのIssue機能など

2. アラートを発生させることを発報（はっぽう）やアラーティングと呼びます。文脈により通知を行う処理を指す場合と、通知を行うための取り組み全体（閾値やアルゴリズムを設定し異常判定を行うところから通知を行い相手の手元に届くまでの全体）を指す場合があります

3. 異常を知らせる通知をアラートと呼びます

情報を取り扱うツールが複数ありますが、一般的なツールの使い分けと同様にフロー型の情報を取り扱うコミュニケーションツール、正しい最新の情報をストックするドキュメントツール、タスク管理目的かつあとから経緯を参照するためにストックするチケットツールという使い分けをします。

これらのツールを使い、以下のようなデータフローを構築します。

監視テクノロジ利用者は 8 つのシステムを参照する必要があり、3 つのシステムから連絡を受け取ります。 システム連携については 連携元 5 種類（チェック、メトリクス、ログ、トレース、APM）x 連携先 3 種類（通知、コミュニケーション、チケット）= 15 パターンを意識して設定する必要があります。しんどい。

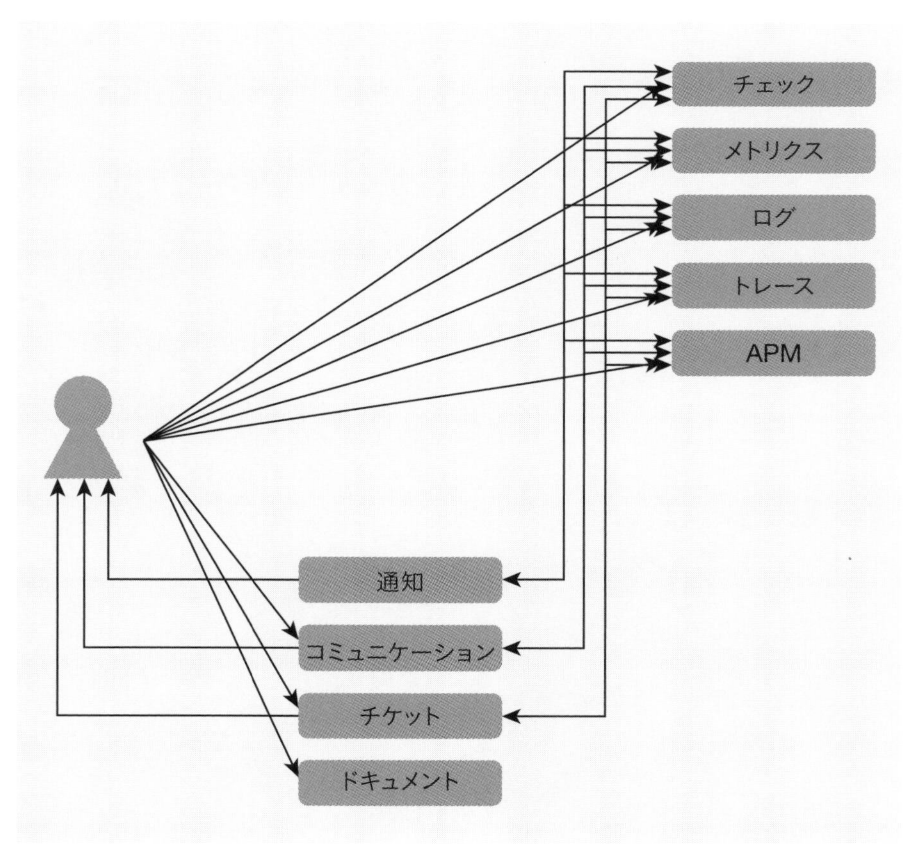

図 2.1：監視・監視運用システムのデータフロー（個別）

そこで最近は以下のように整理することが増えました。システム側に通知ルータを配置し、ステークホルダへの通知やチケット作成などを制御します。 通知ルータはPagerDutyが有名です。 このように配置すると各システムは通知ルータへ通知するだけでよくなります。（ただし通知ルータがSPOF（Single Point Of Failure：単一障害点）となる点は考慮と覚悟が必要です）

また人間が見るツールを少なくすることで利便性が格段に上がります。 特性の異なるデータを1つのツールでまとめるのは難しく、データを深掘りする段階になったら各システムを直接見に行くことが多いですが、入り口として平常時は特定ツールのみを見るようにすることで利便性が格段に向上します。 メトリクスのツールに極力情報を集めることで、メトリクスのツールにダッシュボードとしての役割を果たさせることがよくあります。

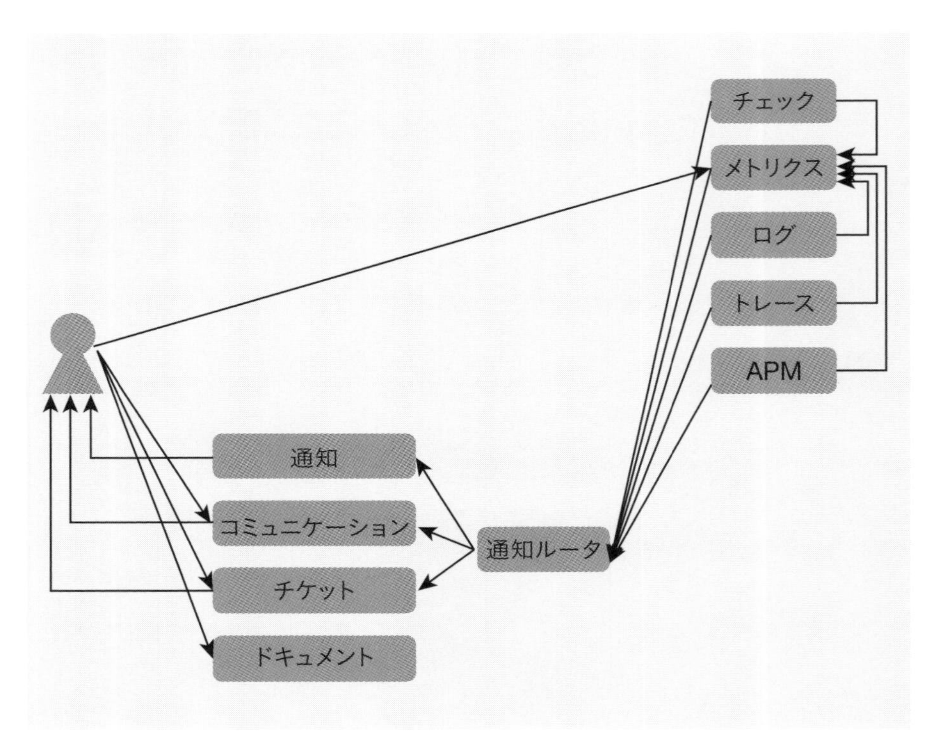

図 2.2：監視・監視運用システムのデータフロー(通知ルータを利用)

もっとシンプルに、機能実現側はメトリクス（あるいはチェック）に集約し、各種システムへの連携はそのシステムからのみ行うパターンもあります。以下はメトリクスに集約した場合の例です。

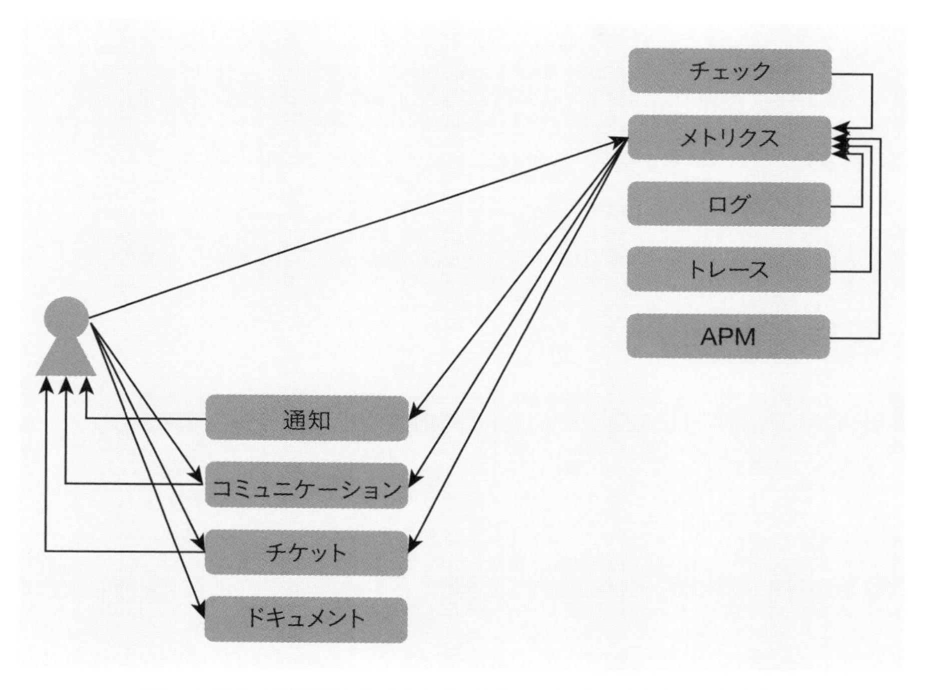

図 2.3：監視・監視運用システムのデータフロー（メトリクスツールに集約）

最近の監視テクノロジ・監視ツールは、上図のようにメトリクスのツールを中心としメトリクスツールにチェック機構を組み、ログや APM のデータをメトリクスのツールに取り込むものが見られます。

例：Prometheus、Mackerel、Datadog、Elastic Stack など

ともあれ監視テクノロジを導入していくにあたり、核になるのはチェックとメトリクスのツールです。ツール選定にあたっては、まずチェックとメトリクスを軸に検討するとよいです。

2.4 監視システムの構成概要

監視システムはおおまかに 3 つの要素で構成されています。

- 観測部分：監視対象を観測しデータを取得する
- データ収集部分：取得したデータを監視システムに集める
- データ利用部分：集めたデータを利用し正常性の判定や通知などを行う

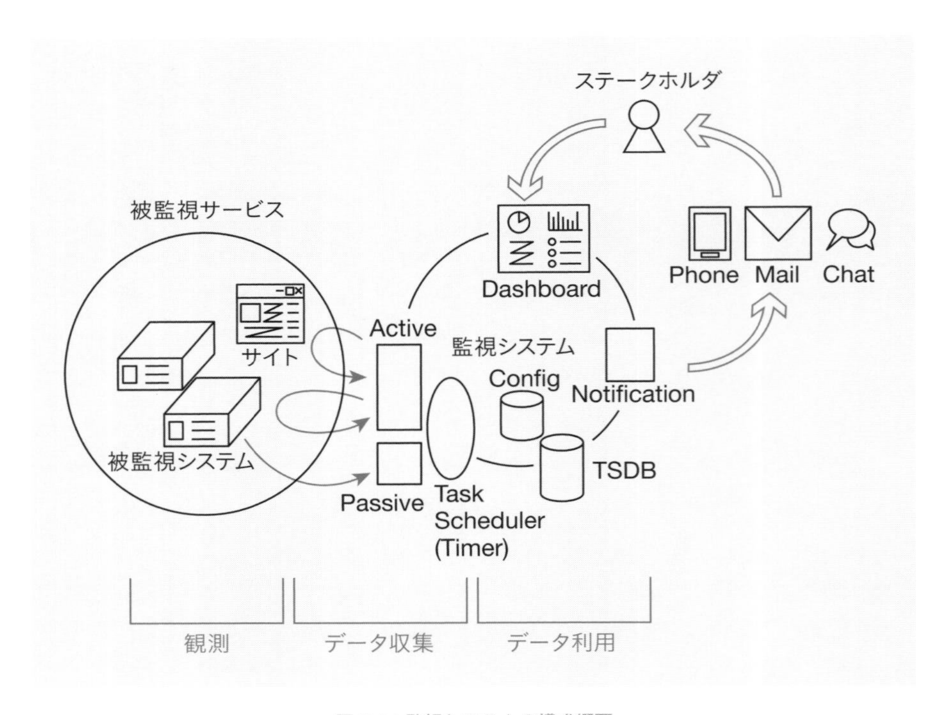

図 2.4：監視システムの構成概要

2.4.1 監視システムの構成要素1：観測部分

監視対象を観測しデータを取得します。

監視対象となるのはシステムの構成要素それぞれです。Webシステムは階層化された技術（テクノロジスタック）で構成されており、それらの階層を構成する要素それぞれを観測します。例えばオンプレミスの基盤で稼働するJava Webアプリケーションのテクノロジスタックは以下のとおりです。

表2.3：Java Webアプリケーションのテクノロジスタック例

テクノロジスタックの階層	テクノロジの具体例	観測項目の具体例
アプリケーション	自作したWARなど	ログインユーザ数、エラーログ出力
ミドルウェア	Apache(Apache HTTP Server)、Apache Tomcat	ステータスごとのスレッド数、リクエストのレスポンスタイム
ランタイム	JVM	ヒープ領域利用率、GC頻度
OS	Linux	CPU利用率、メモリ利用率
サーバ	DELL PowerEdge	CPU温度、ファン回転数、SSD書き込み可能容量の利用率
ネットワーク	Cisco Catalyst	データ送信量、パケットエラー率

対象を観察し**指標の量の測定**や**状態の判定**を行います。測定の結果は数値として表現され、判定の結果は真偽値として表現されます。

ここで観察の対象となるのは、前述のとおりシステムを構成する要素の内部状況を示す指標や外部から見た反応（応答結果）などです。観測の典型的な出力は以下のように日時・対象・観測項目・観測結果の値で構成されます。

Example：観測結果の例

データ取得日時	対象ノード	観測項目	観測値
2019/04/03 00:00:00	web-01	linux.cpu.total.user	40.3
2019/04/03 03:55:05	app-01	/var/log/daily_batch.logの最終行がFinishedである	真

内部状況の指標や反応をそのまま採用するのではなく、それらを集計した結果を測定対象とすることもあります。

Example：集計を伴う観測結果の例

データ取得日時	対象ノード	観測項目	観測値
2019/04/03 00:05:22	app-01	/var/log/daily_batch.log内の[ERROR]を含む行数	4

Note：身近な指標の量の測定の例：健康診断の血液検査

血液を採取し各種分析機器や試薬を適用することで、赤血球数・白血球数をはじめたくさんの項目の測定結果を知ることができます。

Note：身近な状態の判定の例：レントゲン検査

レントゲンを撮影し画像を確認することで、骨の亀裂・断裂の有無を知ることができます。

執筆中の2019年6月時点では、観測工程においてどの階層・どのプロダクトでも利用できる規格化されたフォーマットやインターフェイスは普及しておらず[4]、ほとんどの観測対象はそれぞれ独自のフォーマット・インターフェイスを提供しています。監視システム側が利用しているのも独自のフォーマット・インターフェイスであり、観測した値を監視システムが扱える形式に変換するために、監視対象ごとに仲介プログラムを利用します。なおOS・サーバ・ネットワーク機器の多くはSNMP（Simple Network Management Protocol）に対応しています。ネットワーク機器の多くは自由にチェックやメトリクスのプログラムを動かすことができないため、ネットワーク機器を監視する際にはSNMPをよく利用します。

CPUの温度を観測したい場合にはCPUに温度計が設置されている必要があるように、サービスやコンポーネントの状態が観測可能であるためには、そのコンポーネントが観測機能を備え持つ必要があります。

昨今のObservabilityの流れを受けて、多くのプログラミング言語やウェブアプリケーションフレームワーク向けに観測用のライブラリが提供されています。ライブラリを活用することでOS、ミドルウェア、アプリケーションなどを観測することが容易になりました。チェックやメトリクスだけでなくログやAPMも提供されているライブラリを活用することで可観測性が向上します。

2.4.2 監視システムの構成要素2：データ収集部分

監視対象を観測し取得したデータを監視システムに集め、保存します。

データ収集の仕組みはおおまかに3パターンあります。

- 監視システムからのリクエストを契機として観測処理を実行するパターン
- 観測対象側にエージェントを稼働させ、観測処理はエージェントが実行し、エージェントが監視システムにアクセスしデータを送るパターン

4. OpenTelemetryやOpenMetricsが課題解決に取り組んでいます。OpenTelemetry https://opentelemetry.io/ OpenMetrics https://openmetrics.io/

- 観測対象側にエージェントを稼働させ、観測処理はエージェントが実行し、監視システムがエージェントにアクセスしデータを回収するパターン

監視システムからのリクエストを契機として観測する仕組みの場合、データの収集は一連のリクエストの中で実施されます。

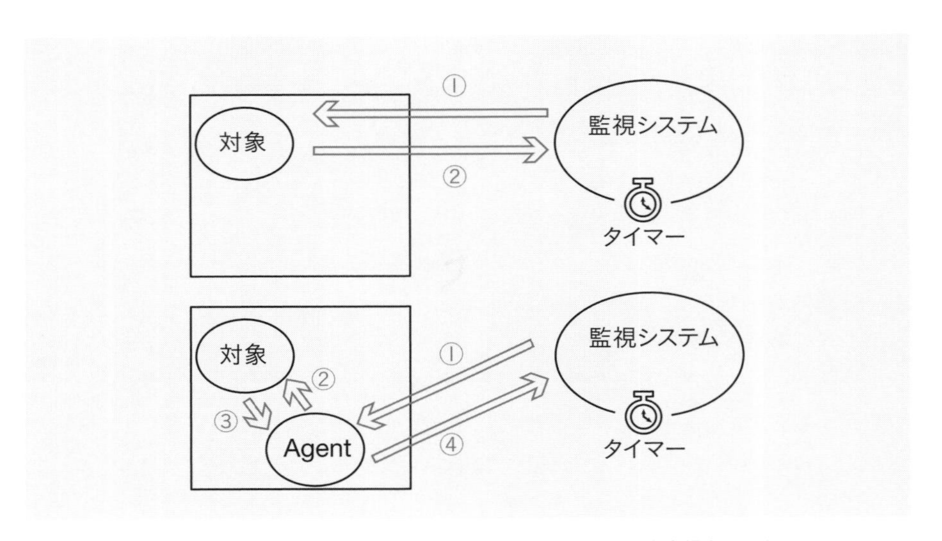

図 2.5：監視システムからのリクエストを契機として観測処理を実行するパターン

監視システムからのリクエストを観測の契機としない場合、観測対象側にエージェントを稼働させます。エージェントは自律的・自立的に動作し、定期的に観測を行うプログラムです。エージェントが監視システム側から独立して定期的に観測を行うことで、ひとまずエージェントが適切なタイミングの観測結果データを確保します。

その先は、エージェントが監視システムにデータを送るパターンと、監視システムがエージェントにデータを取りに行くパターンがあります。

エージェントが監視システムにアクセスし、データ送るパターンを俗に Push 方式と呼びます。最近の監視システムや SaaS はほとんどがこの Push 方式です。Push 方式の主なメリットは、監視システム側のスケーラビリティを確保しやすいこと、監視システムから監視対象にアクセスできなくてよいのでセキュリティ面の課題をクリアしやすい

ことです。このパターンの主なデメリットは、監視対象の管理がエージェントからの自主申告方式になるため、「意図した監視対象のリスト」との整合が管理しづらいことです。

※クラウド時代の大規模システムはこのデメリットは「(クラウド時代のインフラは)そういうもの」として扱われているため、事実上問題になっていません。

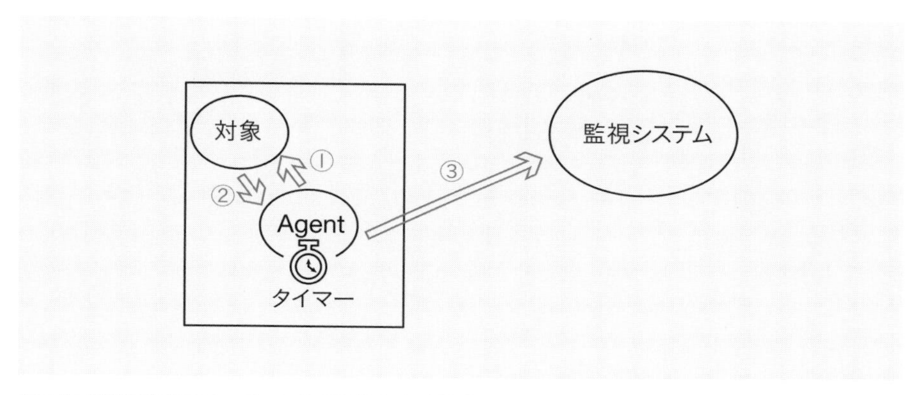

図 2.6：観測対象側にエージェントを稼働させ、観測処理はエージェントが実行し、エージェントが監視システムにアクセスしデータを送るパターン

監視システムがエージェントにアクセスしデータを回収するパターンを俗に Pull 方式と呼びます。監視システム側でクローラ (Crawler) と呼ばれるデータ回収プログラムを実行しデータを回収します。エージェントを利用しなくても、クローラでデータを回収する場合は Pull 方式と呼びます。このパターンの主なメリットはデータ収集に伴う負荷を管理しやすいこと、ネットワーク機器やクラウドサービスそのものなど、エージェントを稼働させられない監視対象にも対応しやすいことです。デメリットは監視対象の一覧を管理する必要があること、監視システムから監視対象にアクセスできる必要があることです。

クラウドインフラの登場により、監視対象は都度都度変化するものになりました。そのため監視対象の一覧の変更頻度が圧倒的に増え、新たな管理方法が必要になりました。その時点で実際にサービスを提供している対象 (サーバ・コンテナ・プロセスなど) を発見する手法をサービスディスカバリと呼び、クラウドインフラの基盤から API 経由で提供される情報や、Consul や Kubernetes などのクラスタ管理ソフトウェアを利用して実現します。

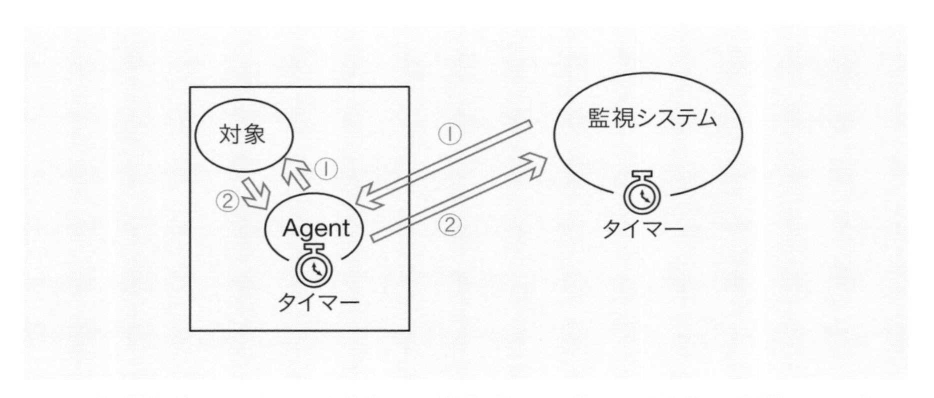

図 2.7：観測対象側にエージェントを稼働させ、観測処理はエージェントが実行し、監視システムがエージェントにアクセスしデータを回収するパターン

p.28 の例のように、観測値だけでなくを保存する際は、得たデータそのものだけでなく、データの対象、データの取得日時などを併せて保存します。

監視テクノロジは継続的にデータを取得することから、このデータ、特にメトリクスを、俗に時系列データ（時系列 =Time Series）と呼びます。

観測結果データを表にまとめると、以下の通りです。

表 2.4：観測結果データの例

データ取得日時	対象ノード	観測項目	観測値
2019/04/03 00:00:00	web-01	linux.cpu.total.user	40.3
2019/04/03 00:00:00	web-01	linux.cpu.total.system	6.9
2019/04/03 00:00:03	web-01	linux.filesystem.home.usage	20.0
2019/04/03 00:00:12	app-01	linux.cpu.total.user	63.7
2019/04/03 00:00:12	app-01	linux.cpu.total.system	12.3
2019/04/03 00:00:15	app-01	linux.filesystem.home.usage	5.2
2019/04/03 00:01:00	web-01	linux.cpu.total.user	40.3
2019/04/03 00:01:00	web-01	linux.cpu.total.system	6.9

データ取得日時	対象ノード	観測項目	観測値
2019/04/03 00:01:03	web-01	linux.filesystem.home.usage	20.0
...	...	...	...
2019/04/03 03:55:05	app-01	daily_batch_log.last_line.finished	true
2019/04/03 03:55:22	app-01	daily_batch_log.error.count	4
...	...	...	...

昨今のメトリクス志向監視テクノロジの発達の中で、膨大な量の時系列データを効率的に扱う需要が高まりました。時系列データを専門に取り扱うデータベースを時系列データベース（TSDB = Time Series DataBase）と呼びます。

容量効率のよい保存方法、参照頻度の高いデータと参照頻度の低いデータの効率的な取扱い方法、高速な読み出し速度を実現する保存方法、読み書き速度・運用手間・保存容量費用・保存容量キャパシティなどのバランスをとる工夫がなされています。

また読み出し時に最大・最小・平均などの演算が可能なことが多く、将来予測の推定機能を持つものも多くあります。

なお取得したデータをそのまま保存するのではなく、単位変換処理など何らかの計算を行いその結果を保存する場合があります。取得したデータそのものを俗に元データや生データ (Raw data) と呼びます。

取得したデータをそのまま持つと後から詳細な分析が可能です。しかし元データは容量が大きくなりがちで、どうせ使わないのであれば詳細なデータを持っておくのは容量の無駄です。例えばデータを利用する際に必ず単位変換処理を挟むのであれば、最初から単位変換済みのものを保存するのが効率的です。よくわからないうちは元データをとっておくのがよいですが、ある程度見えてきてからは監視システムや運用のポリシー次第で決定しましょう。

- 例：取得したデータの単位が Byte の場合は 1/1048576 倍して MB 単位にする
- 例：取得したデータの単位が Byte/分 の場合は 8/60 倍して bps 単位にする

- 例：取得したデータがディスク利用量 400GB 中 120GB の場合は割り返して 30 % にする

クラウドインフラになり CPU コア数やメモリ容量など個々のノードのリソース量が可変となったため、リソース利用量を絶対値だけではなく相対値で捉える必要性が高まりました。

また、時には保存された過去データも組み合わせて、平均や最大などを算出することもあります。

さらに最近の監視システムでは複数の対象ノードや観測項目を組み合わせて、平均や合計などを参照することも可能です。これはクラウドインフラになり「サーバ群をリソース総量で捉える」という変化に適応するための解です。

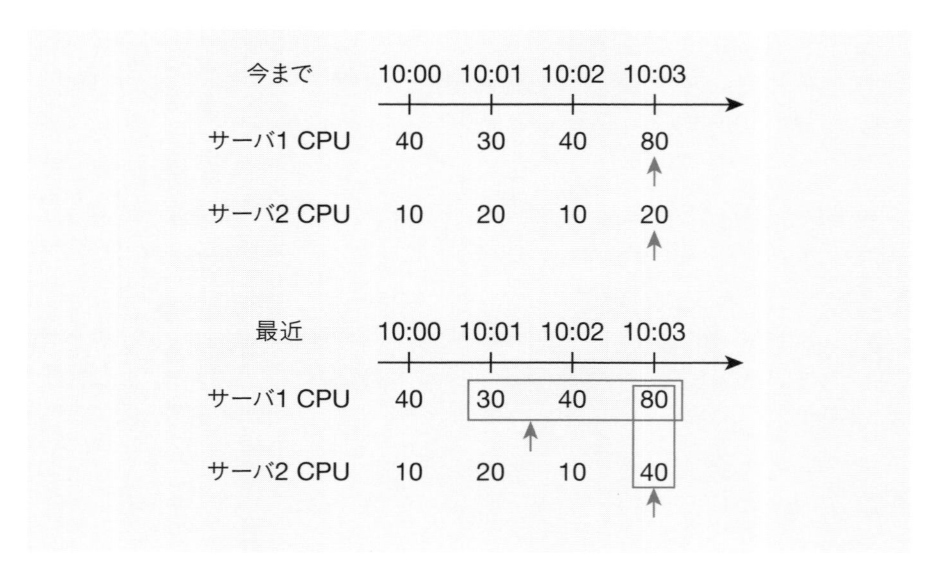

図 2.8：観測値を組み合わせて集計するようになった

2.4.3 監視システムの構成要素 3：データ利用部分

収集したデータを利用します。

具体的には次のことを行います。

1. 正常性判定（= 異常検知）
2. 通知などの対応

正常性判定

正常性判定は典型的には以下のような事項です。

- 値が存在するか
- 値が正常範囲内か否か

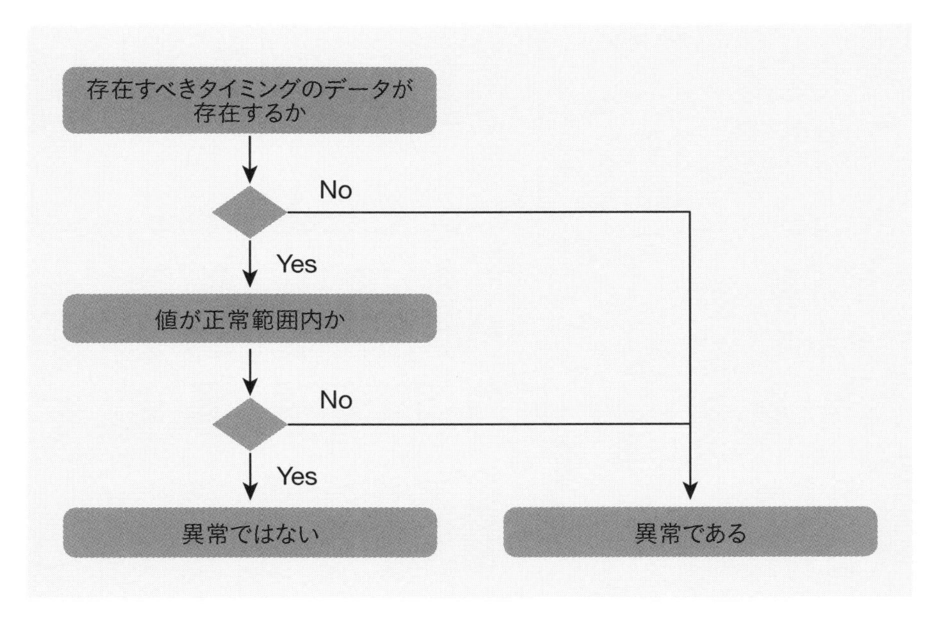

図 2.9：正常性判定フロー

正常範囲内か否かを判断するための基準値を**閾値**（**いきち**または**しきいち**: Threshold）と呼びます。閾値は監視項目ごと・監視対象ごとに設定します。

Example：閾値の例

- http://localhost/healthcheck の応答が1秒以内に得られ、ステータスコードが200であればOK
- nginx という名前のプロセスが1つだけ起動していればOK
- パーティション / のディスク空き容量が20%以上であればOK

かねてから閾値を固定せず正常性判定を行う手法が模索されています。今まで回帰分析などの統計的手法による傾向分析や将来予測が行われてきており、最近は機械学習を利用した分析も試行されています。保有している過去データや他の観測対象のデータを利用した、機械学習による異常検知や誤検知抑制、原因推定（Root Cause Detection）などを試行錯誤している状況です。

機械学習による異常検知は各社精力的に取り組んでいます。同ロールの挙動を横展開するパターン、過去データをもとに学習するパターンなどがあり、裏側はドキュメントや内部のエンジニアの発表資料からうかがい知ることができます。

Datadog: Anomaly Monitor https://docs.datadoghq.com/monitors/monitor_types/anomaly/

ロール内異常検知による監視を行なう - Mackerel ヘルプ https://mackerel.io/ja/docs/entry/howto/anomaly-detection-for-roles

機械学習を用いたMackerelの異常検知機能について https://www.slideshare.net/syou6162/mackerel-108429592

これらの変化は機械学習関連の技術の進歩と、時系列データベースの高機能化・高性能化により支えられています。

通知などの対応

監視システムは異常と判定した場合、必要に応じてなんらか反応を行います。典型的にはステークホルダや外部システムへの通知で、具体的にはメールやSMS・チャットにメッセージを送信する、電話をかける、チケットシステムに起票する、などです。運用側への通知だけでなく、ユーザに提供しているステータスダッシュボードの更新のような対外的な広報を実行する場合もあります。

ステークホルダへの通知は奥が深く、みんな悩みを抱えがちなところです。最近は要件が複雑になっているため、監視システムでの反応は外部システムへの通知に特化し、そこから先のステークホルダへの通知などはそれぞれ目的に応じた別のプロダクトやサービスを利用することがほとんどです。

実際の運用においては、ほとんどのケースでステークホルダ（人間）が監視システムからの通知を受け、ステークホルダ（人間）が何らかの対応を行います。

現在の異常状態の回復を目的とした対応を俗に**暫定対応**、事象の再発防止を目的とした対応を俗に**恒久対応**と呼びます。**暫定対応**は2つの段階にわかれることが多く、あらかじめ想定され手順化された対応を俗に**一次復旧対応（一次対応）**、それでも復旧しない場合の有識者による対応を俗に**二次復旧対応（二次対応）**と呼びます。対応の詳細は6章で説明します。

監視項目ごとに一次復旧対応手順を規定しておき、一次復旧対応を行う前に監視システムでの判定結果に対して一次復旧対応手順が適切か判断した上で、必要であれば一次復旧対応手順を実行します。もし判断が不要なのであれば通知せず自動的にコンピュータが対応すべきです。

2.5 自己修復機構と監視テクノロジ

かつて、システムの故障は人の手による修復作業が必要でした。前述のとおり運用フェーズにおいて故障・異常を迅速に検知し復旧するために、監視テクノロジは高解像度化・リアルタイム化してきました。

しかし、Web サービスやシステムの価値が高まるにつれ、故障・異常の回復に人の手を介するようでは時間がかかりすぎである、という世界に突入してきました。そのためチェックと簡単な復旧対応がインフラの一部として組み込まれることが増えてきました。従来人の手を介する必要があった簡単な復旧対応は、コンピュータが自動的に実行するようになってきました。

異常時の対応だけではありません。サービスの可用性を高めるためには、高可用性が必要な箇所は N+1 や N+2 など冗長性を持つよう構成し、その冗長性を消費することで可用性向上を果たすのが基本でした。

ハードウェアを直接利用している場合は言わずもがな、さまざまなソフトウェア的クラスタリング手法においても、低下した冗長性を回復させるためにはエンジニアが手を尽くす必要がありました。

これは高可用構成が Active-Active であっても、Active-Standby であっても変わらずでした。

Example：可用性向上手法と冗長性回復作業の例

- RAID 構成を用いてハードディスクを冗長化 => ディスクの故障を検知し、故障したディスクは人力で交換
- 高可用クラスタソフトウェアを利用し NFS サーバを冗長化 => Failover あるいは Node Fail を検知し Fail した Node を修復し高可用構成を再構成

かつてのクラスタリング手法ですと、Failoverなどの高可用機構の発動後は最終的に人の手による回復対応が必要になるため、高可用機構の発動は監視テクノロジを用いて検知し対処したい出来事でした。

しかし、最近のWebシステムはそうではありません。クラウドインフラやKubernetesのようなコンテナオーケストレータにより「完全にソフトウェア制御する」「宣言的に定義しその状態へ収束させる」ことで、システムを自己修復させることができるようになり、まさに自己修復機構（自己修復システム）と呼べるものが実現できるようになりました。

そのため、自己修復機構の範疇で回復できるできごとがサービス提供に影響を及ぼさないように作ること、自己修復機構の範疇で回復した場合は記録こそすれ通知などの対応は行わないことが主流となってきました。

Note：自己修復機構の範疇で回復できるできごとがサービス提供に影響を及ぼさないように作る

言うは易しという感じがしますがさまざまなプラクティスが蓄積されています。その代表格がThe Twelve-Factor Appです。DevOpsなどの取り組みの前提条件といっても良い重要事項なので、開発者のみならずWebシステムに関わるエンジニア全員が実践すべきものです。

The Twelve Factors

1. コードベース
   - バージョン管理されている1つのコードベースと複数のデプロイ
2. 依存関係
   - 依存関係を明示的に宣言し分離する
3. 設定
   - 設定を環境変数に格納する
4. バックエンドサービス
   - バックエンドサービスをアタッチされたリソースとして扱う
5. ビルド、リリース、実行
   - ビルド、リリース、実行の3つのステージを厳密に分離する
6. プロセス
   - アプリケーションを1つもしくは複数のステートレスなプロセスとして実行する

7. ポートバインディング
  - ポートバインディングを通してサービスを公開する
8. 並行性
  - プロセスモデルによってスケールアウトする
9. 廃棄容易性
  - 高速な起動とグレースフルシャットダウンで堅牢性を最大化する
10. 開発 / 本番一致
  - 開発、ステージング、本番環境をできるだけ一致させた状態を保つ
11. ログ
  - ログをイベントストリームとして扱う
12. 管理プロセス
  - 管理タスクを 1 回限りのプロセスとして実行する

The Twelve-Factor App（日本語訳）https://12factor.net/ja/

2.6 自己修復システムの継続的運用を支えるChaos Engineering

Webシステムが大規模化したことも相まって、低い確率で発生する故障が「日常的に起きること」になりました。そこで随所に対策を施しコンポーネント故障がサービス全体に影響しないよう高可用機構や自己修復機構を導入し、自己修復システムを構成・運用するわけですが、高可用機構や自己修復システムは壊れてみないと真に検証できないのが難しいところです。

準備万端整えたうえで故障が起きないことを祈るという作戦がとられがちですが、検証していないものを信用して成果が出るほどエンジニアリングは甘くありません。一歩踏み込んで「本番環境でも意図的に故障を起こす」ことで、システムが本当に自己修復能力をじゅうぶんに備えているか検証しつづけるChaos Engineering（カオスエンジニアリング）という手法があります。

有名なものは世界有数の動画配信サービスを提供するNetflix社です。Chaos Monkeyというソフトウェアを開発し、意図的に故障を発生させているそうです。獰猛な猿をシステム内に飼い、その蛮行をきちんと自己修復できていることを以て「わがサービスは今日も安心である」という確信を得るに至るというわけです。

Chaos Engineeringが成立する・効果を発揮するためには、システムの規模や構成・売上などいくつかの前提条件がありますが、ここまでできて初めて科学的に安心を得るに至ります。

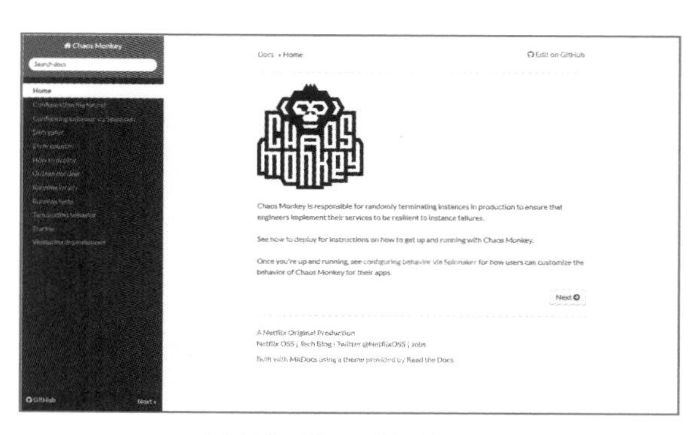

図2.10：Chaos Monkey

Chapter

3

監視テクノロジの基礎

3.1 監視テクノロジの基礎

前述のとおり、監視システムはおおまかに 3 つの要素で構成されています。

- 観測部分：監視対象を観測しデータを取得する
- データ収集部分：取得したデータを監視システムに集める
- データ利用部分：集めたデータを利用し正常性の判定や通知などを行う

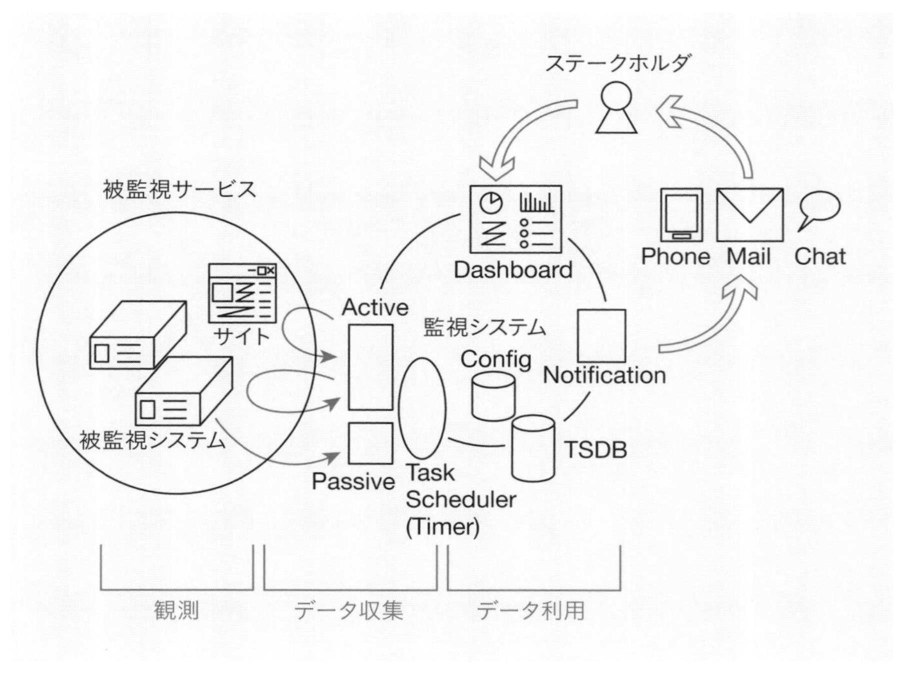

図 3.1：監視システムの構成概要（再掲）

前章では構成要素それぞれの概要を説明しました。本章ではこれらの構成要素を実現する基礎技術を解説します。

Note：監視テクノロジの基礎技術を知る面白さ

監視テクノロジによって得られるデータはシステムの振る舞いや成果を表すものが多く含まれます。

前述のとおり、それらの観測結果は単なる日時や観測項目、数値などの値の羅列であり、観測結果自身がその背景を語ることはありません。
しかしその値の出処や算出方法を知ると背景が見えてくることがあります。

我々は幅広い正確な知識を得ることでデータを解釈する上で誤解を減らし、妄想ではなく想像ができるようになります。

想像できるようになるというのは即ちユーザ（システム利用者）の顔や行動がイメージできるようになるということです。
ユーザがいつ、どのようにシステムを利用しているのか見えてきます。
そうしてユーザのことが見えてくると、システムが創出する価値が見えてきます。

監視テクノロジが収集したデータはこのように大変味わい深いものなので、眺めているとすぐに一日が過ぎてしまいます。
とても楽しいのですが、筆者はとても中毒性が高いと思うので、想像しすぎて夢や妄想の世界に旅立たないよう気をつけましょう。

Note：監視はエキスパートの入り口

エンジニアにとってトラブルシュートやパフォーマンスチューニングは技術力が試される正念場です。

文字通りフルスタックを見渡し分析・対応する必要があります。

システム運用に携わっていると、シニアエンジニアたちが鮮やかに分析・対応していくさまを横目に、彼ら・彼女らがどこに目をつけて、何を考えて、そのようにしたのか、全く理解できずうちひしがれることが多々あります。私はありました。

トラブルシュートやパフォーマンスチューニングはフルスタックの知識や対応が必要で、結果が計測可能で成否がはっきり出やすいので、エンジニアとして成長するチャンスとしてとても良質だと思います。しかも強いエンジニアが近くにいるなら成長する大チャンスです。積極的に模倣して・思考をトレースして、原理原則を学びましょう。

さらに発生原因を他者に説明することで、システムのスタックや観測の理解がより深まります。裏付けのある説明をするためには正確で深い知識が必要不可欠ですし、大抵は説明のために裏取りをする中で更に理解が深まります。

トラブルシュートやパフォーマンスチューニングはプレッシャーの強いストレスフルな仕事ではありますが、同時にチャンスでもあるのでぜひ楽しんでください。

3.2 観測部分の基礎技術

3.2.1 観測対象の値を得る

監視システムを通じて我々は監視対象の状態を表す値を確認します。状態を数値化する機器を一般的にセンサと呼びます。例えば温度計は観測対象の温度を数値化するセンサです。

ほとんどの場合、監視システムは独自のセンサを持たず、監視対象に内蔵されたセンサを用い、監視対象から出力された値を観測します。Linuxであれば、その時のCPUの利用状況は/proc/statに出力されるので、観測する側（= 監視システム）はこの内容を解析することでCPU利用状況を数値化します。

リスト 3.1：CPU 利用状況の出力例

```
$ cat /proc/stat
cpu 398559 1248 112239 1178634 986 0 39401 0 0 0
cpu0 100470 379 26829 1123376 940 0 12799 0 0 0
cpu1 102191 285 25547 18388 16 0 12549 0 0 0
cpu2 93749 316 34552 18448 12 0 7800 0 0 0
cpu3 102149 268 25311 18421 17 0 6253 0 0 0
...
```

同様にメモリの利用状況は/proc/meminfoに出力されるので、観測する側はこの内容を解析することでメモリ利用状況を数値化します。

リスト 3.2：メモリ利用状況の出力例

```
$ cat /proc/meminfo
MemTotal: 16183008 kB
MemFree: 4832856 kB
MemAvailable: 8893196 kB
Buffers: 99524 kB
Cached: 4695648 kB
```

またディスク（HDD/SSDなど）の利用状況は/proc/diskstatsに出力されるので、観測する側はこの内容を解析することでディスク利用状況を数値化します。

リスト3.3：ディスク利用状況の出力例

```
$ cat /proc/diskstats
259 0 nvme0n1 145447 219 7529008 22243 189529 9511 6294105 229976 0
11844190 11908600 0 0 0 0
259 1 nvme0n1p1 1142 0 10946 332 2 0 2 0 0 40 40 0 0 0 0
259 2 nvme0n1p2 144229 219 7514278 21892 170892 9511 6294103 206134 0
71480 138440 0 0 0 0
254 0 dm-0 144386 0 7512074 27920 199038 0 6294103 669070 0 96030
697680 0 0 0 0
254 1 dm-1 104 0 4440 40 0 0 0 0 0 10 40 0 0 0 0
...
```

このように監視対象に内蔵されたセンサを用いる都合上、値の単位や精度、更新頻度、更新タイミングなどは監視対象（に内蔵されたセンサの実装）に依存します。

Note：プロダクト選定と観測可能性（Observability）

センサが内蔵である都合上、プロプライエタリなプロダクトが観察可能かは開発元に依存しています。一方OSSや自作ソフトウェアは自分で観察可能にすることができます。観察可能になることではじめて観測可能なり、監視が可能になります。プロダクトを監視して安全・安心・健全に運用するためには、観察・観測可能なプロダクトか、もしくは自分で観測可能性を組み込むことができるプロダクトである必要があります。

3.2.2 メトリクスの種類

メトリクスは何らかの内部状態を表しているわけですが、この値は**ゲージ**(Gauge)と**カウンタ**(Counter) という2種類があります。

自動車の速度計のようにその時の状態を表した数値を出力するものをゲージ(Gauge) と言います。ゲージの値は増えることもあれば減ることもあります。

自動車の走行距離計のように基準時点からの累積値を出力するものをカウンタ(Counter) と言います。カウンタの値は明示的にリセットされない限り減ることはありません。

どちらか一方が優れているということはなく、それぞれの特性を把握した上で値を読む必要があります。

> **Note**：カウンタとはいえ無限に増えるわけではない
>
> カウンタは累積値を示すものですが、実装上の都合で上限に達してしまうことがあります。上限に達するとどうなるかというと、大抵は周回します。 これを俗にカウンタ周回と呼びます。
>
> かつてサーバのネットワーク接続速度は数Mbpsが普通でしたが、今や1Gbpsを越え10Gbps・40Gbpsなどとたいへん高速になりました。かつてネットワーク転送量の計測に32bitのカウンタを利用していましたが、現代の高速ネットワークで通信するとすぐに上限に達して周回してしまうようになりました。そのため最近は64bitのカウンタを利用しています。

カウンタを監視に利用する場合、ほとんどのケースでカウンタの進行速度を監視します。例えばネットワーク送信量の場合、送信バイト数のカウンタがあります。

10:00 (10時ちょうど) の値が10,000,000 (Byte)、10:01の値が16,000,000 (Byte) だった場合、10:01の差は6,000,000 (Byte)、10:01の帯域利用量は100,000 (Byte/sec) =800 (kbps) となります。

リスト 3.4：ネットワーク送信量カウンタの進行速度計算例

```
( 16,000,000 Byte - 10,000,000 Byte ) / 60 sec = 100,000 Byte/sec
100,000 Byte/sec * 8 bit/Byte = 800,000 bit/sec = 800 kbps
```

このように進行速度を知るためには前回値との差を知る必要があります。監視システムによって、カウンタ値そのものを監視システムに保持し監視システム側で差と進行速度を計算するものと、観測時点で観測側にて差と進行速度を計算しておき監視システムに進行速度を保持するものがあります。後者の場合は、進行速度を計算するために観測側で前回の観測日時と測定値を記録しておきます。

3.2.3 観測間隔による見かけの誤差

監視システムは一定間隔で監視対象のメトリクスを観測し、分析・判定を行います。実はこの**一定間隔**が曲者です。

観測間隔によって、ゲージは取りこぼしが起き、カウンタはブレが起きます。観測間隔1分で以下の推移をたどった場合を想定します。

表 3.1：ゲージとカウンタの1分ごとの観測値の例

時刻	ゲージ値	カウンタ値
10:00	0	0
10:01	1	1
10:02	4	5
10:03	9	14
10:04	16	30
10:05	9	39
10:06	4	43
10:07	1	44
10:08	0	44
10:09	0	44

これをグラフにすると次のとおりです。

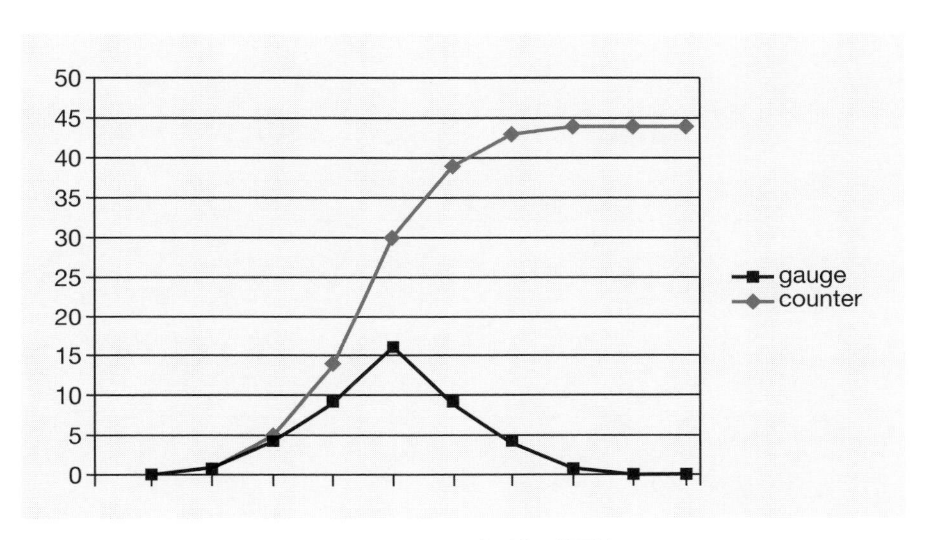

図 3.2：1 分ごとの観測値の描画例

もし観測間隔が 3 分だった場合は次表のようになります。

表 3.2：ゲージとカウンタの 3 分ごとの観測値の例

時刻	ゲージ値	カウンタ値
10:00	0	0
10:03	9	14
10:06	4	43
10:09	0	44

これをグラフにすると次のとおりです。

ゲージのほうはピークの値が低くなっています。ゲージの特性により最高値の到達点がもっと高かった可能性を検討することができません。またピークのタイミングがずれています。

カウンタは最高値の到達点がどの程度か、そのタイミングはいつか、という精度が落ちます。ただしカウンタの場合は2点間の傾きの大きさから、ゲージでは失っていた「この期間に大きな山があった可能性」を知ることができます。

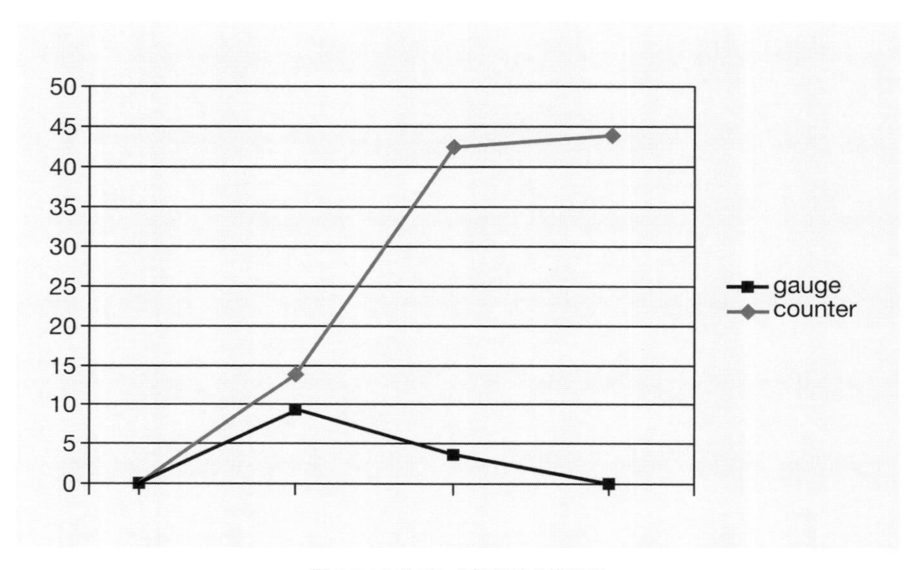

図 3.3：3 分ごとの観測値の描画例

カウンタは視覚的にわかりづらいため、たいていは分・秒などで割り返し表示します。観測間隔 3 分の値を 1 分あたりに割り返すと以下のようになります。

表 3.3：観測値の割り返しの例

時刻	ゲージ値	カウンタ値	3 分間隔の場合のカウンタ割り返し値（/ 分）
10:00	0	0	0
10:03	9	14	4.7
10:06	4	43	9.7
10:09	0	44	0.3

観測間隔が短いことを**データの解像度が高い**、観測間隔が長いことを**データの解像度が低い**と言います。

データの解像度が高いほど正確に状態を表した値を観測できますが、データ量が多ければそれだけ監視対象・監視システムともに観測のための処理が必要になるため、環境や用途に応じていい頃合いを見つける必要があります。

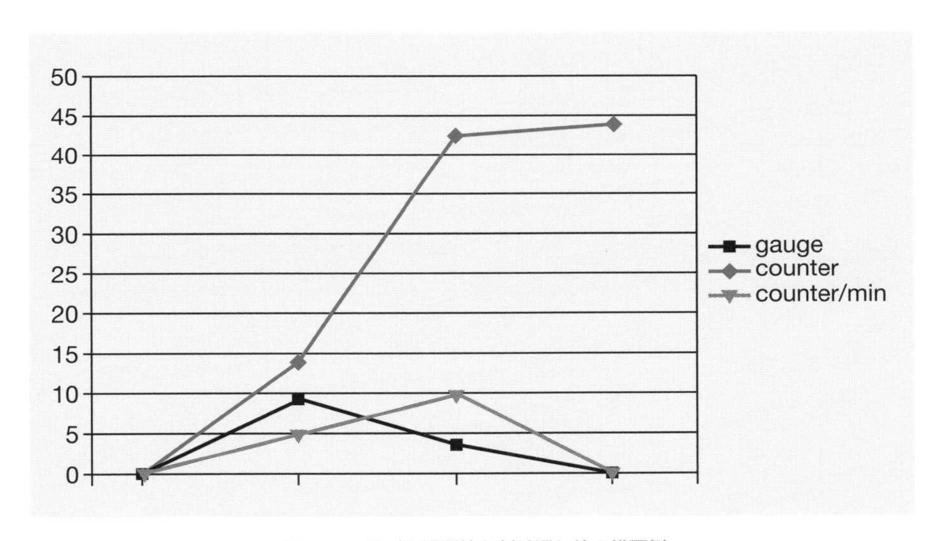

図 3.4：3 分ごと観測値と割り返し値の描画例

3.2.4 観測の副作用

観測行為が観測対象(監視対象)に対し影響を与えることを観測の副作用と呼びます。

特に観測行為によって観測値が変動することを観測者効果と呼びます。例えば監視対象のサーバで CPU 利用率を観測するプログラムを実行することで、監視対象のサーバの CPU 利用率はそのぶん増えます。これは絶対 0 にはならない必要経費です。現代のコンピュータの性能からすると大きな影響はないはずなので、**あまり気にしない**というのが基本的なスタンスになります。

とはいえ監視システムが監視対象に**結果として著しい悪影響を与える**ことは本末転倒です。

観測行為が正常動作の妨げとなる、観測行為起因でシステムリソースを数十パーセント以上占有するなど、これはさすがにいかがなものか…となった場合は観測頻度や観測精度を調整することを検討しましょう。

観測頻度を下げると時間あたりの観測行為の回数が減り、監視対象に対する影響が小さくなります。

たいていの場合、「正確な値」を取得するためにはデータ整合性確保のために対象一式をロックする必要があります。きちんとロックしないと値の整合がとれないケースが出てきます。

例えばCPU利用率が以下のように激しく変動している場合を考えます。

表3.4：CPU利用率の変動が激しいサーバでのCPU利用率測定値の例

時刻	CPU Total Usage (max 200%)	Core 1 Usage (max 100%)	Core 2 Usage (max 100%)
00:00:00	60%	50%	10%
00:00:01	70%	20%	50%
00:00:02	50%	40%	10%
…	…	…	…

仮にCPU使用率の取得に1秒程度かかるとして[1]、値の取得タイミングが00:00:00にCPU Total Usage、00:00:01にCore 1 Usage、00:00:02にCore 2 Usageとなった場合CPU Total Usage : 60/200%、Core 1 Usage: 20/100%、Core 2 Usage: 10/100%となり整合がとれません。

1. 実際はそんなにかかりません

Note：時計は大事

エージェントが自発的に観測し、観測日時を監視システムに申告する方式の場合、エージェントの時計が正確であることは必須条件です。NTP などの時刻合わせの仕組みを利用しましょう。

また時刻同期ができていることを忘れずに監視しましょう。サーバ再起動後に時刻同期ができていなかった、、、というのは割とよくあるトラブルです。

ロックして 00:00:00 の値を取得できれば CPU Total Usage: 60/200%、Core 1 Usage: 50/100%、Core 2 Usage: 10/100% となり整合がとれます。しかしロックは監視対象全体に影響し、通常処理に影響を与えます。データ整合性を諦めることでロックの範囲を小さくしたりロックをやめたりすると、監視対象への影響は小さくなります。

3.2.5 観測間隔のブレ

たいていの監視システムの観測間隔は 5 分・3 分・1 分・10 秒など明確に規定されていますが、コンピュータには「完全に同時に実行できる処理は CPU コアの数だけと非常に少ない」（CPU リソースを時系列分割し、擬似的に CPU コア数以上の同時処理数を見かけ上実現している）という性質があるため、観測間隔を厳密に守ることはできません。観測間隔は完全に一定にはならず、どうしても多少のブレが起きます。

観測の仕組み、監視システムのキャパシティ、監視システムのスケジューラの実装などの影響を受け、都度都度微妙にずれてしまいます。どの程度ブレるかは観測の仕組みに依存するため、監視システムごとに前提条件をきちんと確認しておきましょう。

コンピュータの性質に由来するこのブレは避けがたいものなので、前提として受容する必要があります。利用する監視システムで、観測日時として採用されるのがどのタイミングの日時なのか正確に把握しておきましょう。多くの監視システムでは、観測間隔の厳密さは追求せず、監視システム側でブレの対処を行います。

観測において採用しうる日時には以下のような候補があります。

- 観測処理命令を受信したタイミング
- 観測処理を開始したタイミング
- 観測処理を終了したタイミング
- 観測データを回収したタイミング

多くの監視システムでは、観測処理を終了したタイミングの日時を採用します。

3.2.6 監視システム側でのブレ要因と抑制の工夫

前述のとおり監視システムではCPUリソースの制約により同時並列実行数が制限されるため、監視システムのCPUリソースの量と観測項目の数や個々の観測処理の所要時間の兼ね合いで実行タイミングがブレます。

CPU性能を向上させて1観測処理あたりのCPU専有時間を短くする、監視システムのサーバのCPUをスペックアップしクロック数やコア数・ソケット数を増やし1台での処理性能を向上させる、監視システムを複数サーバで構成し観測処理を並列化して監視システムのキャパシティを増強するなどの方法で、ずれを緩和することができます。

もし1台のサーバでは対処しきれなくなった場合、NagiosであればGearmanを利用しタスクを複数サーバに分散する仕組みがあります。

- Mod Gearman - Nagios Exchange
  https://exchange.nagios.org/directory/Addons/Distributed-Monitoring/Mod- Gearman/details

ただしどれだけ監視システムを大規模化・分散システム化しても仕組み上ブレはなくせません。分散システム化した監視システムは運用負荷が大きいので、観測処理をエージェントに寄せるのが最近の潮流です。

3.2.7 監視対象側でのブレ要因と抑制の工夫

監視対象側で自発的に観測する場合はエージェントを利用します。

エージェント側でも複数の観測項目を処理します。こちらも同時に処理できる数は限られているため、実行順や先に実行された観測処理の所要時間のブレなどに起因して観測タイミングがブレます。

エージェント単体のほうが監視システム全体よりも観測項目が圧倒的に少ないため、観測タイミングが安定するエージェントを利用するほうが理にかなっています。

3.2.8 値の不整合

観測データを眺めていると、たまにCPU利用率の合計が100%にならないなどの不整合を見つけることがあります。特に観測対象が高負荷な時によくこの傾向が見られます。

前述のとおり観測対象一式をロックせず観測した場合には、このような不整合が出ることがあります。また高負荷な時に発生しやすいのは、センサが通常処理と処理系を共有しており、通常処理の負荷の影響を受け観測処理が遅延することがあるためです。

本来であればセンサの処理系を通常処理と別に用意したいところですが、観測処理に不具合が出るほどの状況になった時点で通常処理の状況は推して知るべしということで、この状況になったらいずれにせよまずいので観測対象の負荷を下げる対処をしましょう。

3.2.9 観測と監視

監視システムでのチェックの仕組みには**Active**と**Passive**の2形態があります。

Activeは監視システムが能動的に監視対象にアクセスし観測する方式です。Pull方式でデータを収集します。この場合、監視システムはタイマーを持ち周期的に動作します。監視システムが「いつ何をして結果がどうだった」というのを事実として確定でき、即時性を制御したうえで確実性に優れます。

Passiveは、監視システムは待機しておき、監視対象からデータを受け取り受動的に判定する方式です。Push方式でデータを収集します。異常時に通報を受け取る方式です。監視システムへの通報タイミングが送信側に依存するため、監視システム側では通報がない場合に、正常だから通報がないのか、異常はあるが通報が遅れるだけなのかの判断ができません。また監視対象が通報すらできずダウンした場合や通報がネットワーク上のトラブルなど何らかの理由で届かなかった場合はとりこぼしが発生します。

しかし監視システム側の自発的なタイミングに依存しないため、**Active**と異なり監視間隔によらずエージェント側から即時通報が可能であり、うまくいけばリアルタイム性に優れます。そのため**Passive**形態の監視を指してリアルタイム監視と呼ぶこともあります。リアルタイム監視はSNMP Trapなどの実装があります。

なおメトリクスをもとに正常性判定を行う場合、データを受け取ったタイミングで正常性を判定する方法（Passive）と、内部にタイマーを持ち定期的に正常性を判定する方法(Active)があります(例：1分に1回、手持ちのデータをもとに正常性を判定する)。

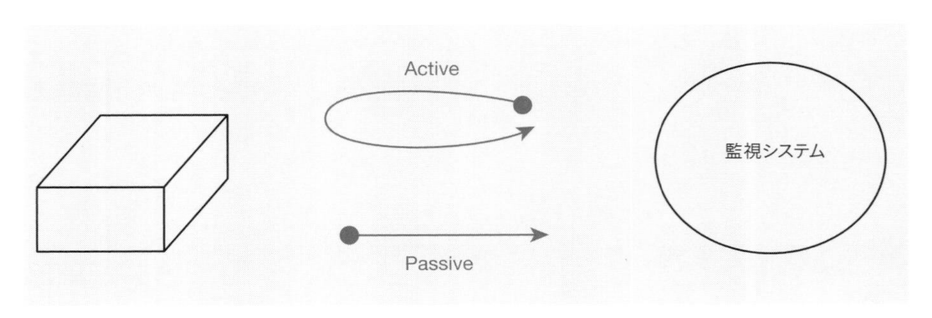

図3.5：監視システムでのチェックの仕組み（Active と Passive）

3.3 データ収集部分の基礎技術

狭義の監視における「異常の検知」では、観測し、観測結果の値を判定し、観測値が閾値を外れていれば異常、閾値の範囲内であれば正常と判定します。

狭義の監視**定期的・継続的に、観測し異常を検知し復旧させること**を念頭にチェックとメトリクス取得を切り離して考えた場合、チェックは迅速に異常を検知することが使命で、メトリクス取得は正確なデータを定期的に確実に収集・蓄積することが使命です。

表 3.5：監視テクノロジの役割と使命

役割	タイミング
チェック	できるだけすぐに
メトリクス	キッチリ定期的に

このようにチェックとメトリクス取得は本来求める即時性に大きな違いがあります。両者を兼ねられる実装・状況であればよいのですが、そうでない場合はチェック目的の観測とメトリクス目的の観測を別に用意することがあります。

3.3.1 データ収集方式 Push/Pull

前述のとおり監視システムでのデータ収集には Push 方式と Pull 方式があり、チェックの仕組みには Pull 方式で実現する Active と Push 方式で実現する Passive があります。

ここではメトリクス取得目的のデータ収集について考えます。前述のとおり、タイマーを持ち周期的な動作をするのが誰か（エージェントか監視システムか）、監視システムとのデータのやりとりが Push 方式か Pull 方式か、というバリエーションがあります。

表にまとめると以下のとおりです。

- 注）以下の表では基本的な動作がどのようなものか示しています。「チェック目的はPull 方式、メトリクス目的はPush 方式」としているケースもあります
- 注）△としている項目について、相対的に見劣りしても「必要条件を十分に満たしている」というケースは往々にしてあるので、△を絶対視しないでください

表 3.6：データ収集方式とエージェント動作ごとの特徴

データ収集方式	エージェント	代表的なプロダクト・サービス	大規模システム対応	高解像度メトリクス対応	リアルタイム性	データ欠損耐性
Push方式	周期的に動作する	Mackerel、Datadog	◎	◎	◎	◎
Pull方式	周期的に動作する	happo[2]	○	◎	○	○
Pull方式	周期的に動作しない	Cacti、Prometheus	△	△	△	△

前章で、Push 方式のほうが監視システム側のスケーラビリティを確保しやすく大規模システムに対応しやすいこと、Pull 方式のほうが監視システム側の負荷を管理しやすいこと、エージェントを動作させられない監視対象に対応しやすいことを説明しました。本章ではもう少し掘り下げて特徴を説明します。

エージェント自身が周期的に動作すると、観測の契機を外部に依存しなくなるため、安定して高頻度に観測できるようになります。そのためエージェントが周期的に動作すると高解像度メトリクスに対応しやすくなります。またエージェントが観測したデータをエージェントの手元にプール（一時保管）しておくことができるため、監視システム側の遅延やトラブルの影響を受けづらくなります。

エージェント自身が周期的に動作し、なおかつ Push 方式の場合は、取得したデータをすぐに監視システムに送信することができます。そのためデータ取得〜監視システム到着のタイムラグを短くしやすく、リアルタイム性を格段に向上させることができます。またデータをすぐに監視システムに送ることで、クローラがこないとデータを渡せないPull 方式とは異なり、エージェント側のシステムトラブルやリタイヤメントによるデータ欠損が発生する可能性を下げることができます。

2. 筆者が所属するハートビーツが主に利用している内製プロダクト

Pull 方式におけるデータ収集処理 1 回あたりの所要時間を比較すると、同じ Pull 方式でもエージェントが周期的に動作している場合は観測行為がすでに実施済みで、クローラがアクセスしたときは観測済みのデータを引き渡すだけなので、データ収集処理 1 回あたりの所要時間が短いです。しかしエージェントが周期的に動作しない場合はクローラがアクセスしてきたときに観測行為も行うため、1 回のデータ収集処理の所要時間が長くなります。そのため大規模システム対応や高解像度メトリクス対応、リアルタイム性が比較的劣ります。

しかし Pull 方式でエージェントが周期的に動作しないパターンは、動作がシンプルです。そのため仕組みを理解しやすく、運用中のトラブル発生確率を低くしやすい、トラブル発生時の対処がしやすいメリットがあります。これは大変大きいメリットなので、必要十分な性能や機能が得られる場合は臆さず選択すべきです。

Push 方式のまとめ

- 大規模システムに対応しやすい
- エージェント側のシステムトラブルなどによるデータ欠損が発生しにくい

Pull 方式のまとめ

- エージェントを動作させられない監視対象に対応しやすい
- エージェントが周期的に動作するパターンのときは、データ収集処理 1 回あたりの時間が短い
- エージェントが周期的に動作しないパターンのときは、データ収集処理 1 回あたりの時間が長い
- エージェントが周期的に動作しないパターンのときは、動作がシンプルでトラブルの発生確率を低くしやすい、トラブルの対処がしやすい

3.4 データ利用部分の基礎技術

3.4.1 観測と監視

観測値そのものを判定対象とするのではなく、観測値の変化の程度（変化量や変化率）を判定対象とすることもありますし、観測値と変化の程度の両方を判定対象とすることもあります。監視対象の用途や特性によって観測値そのもののみを対象とすべき場合や、変化の程度のみを対象とすべき場合があります。

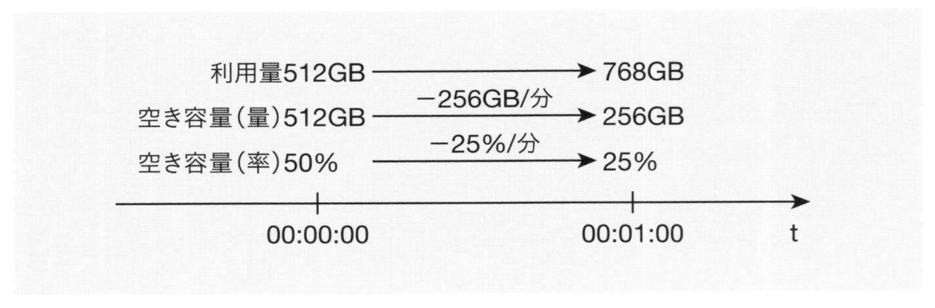

図 3.6：容量 1,024GB のディスクの空き容量

Example：観測値と変化の程度を併用するパターン

ディスク空き容量が 30% 以下であり、かつディスク空き容量が 1 時間あたり 1% 以上減少した場合は異常と判定する

監視対象が活動しているかを判断することを目的とした監視を俗に**死活監視**（liveness probe）と呼びます。死活監視では監視対象でのアプリケーション的な処理を求めないことがほとんどです。またアプリケーション的に満足な応答が返却できることを確認する監視を **応答監視**（readiness probe）と呼ぶことがあります。

Example：死活監視の例

- OS・サーバ・ネットワーク機器の死活監視 => ping 応答有無確認
- HTTP デーモンの死活監視 => /favicon.ico の応答有無確認

3.4.2 全量検査と抽出検査

監視システムによる監視は基本的に全量検査です。

ただし Active 型の場合、異常を検知した際にリトライする仕組みを備えた監視システムが多くあります。これはインターネットの仕組み上、一過性のトラブルは避けがたいという事情があり、監視結果をナイーブにし過ぎないための仕組みです。Push 方式・Passive 型の場合、受け取ったデータは基本的に全量検査します。ログでのエラー有無の検査を目的とした場合も全量検査が基本です。

Web システム特有の難しさの多くは利用者の利用環境の多様性と不安定さに起因します。回線だけとっても、有線接続の固定回線もあれば、移動中のモバイル接続もあります。ネットワーク的な異常切断やそれに起因する通信断などの事象がある程度発生することは避けられません。このような事情があり、ユーザアクセスログなど不確実性が高いデータソースの場合、全量を検査したうえで 95 パーセンタイル、99 パーセンタイルなど、全体からみた外れ値を除外したもの指標として利用します。

全体から見た外れ値を除外する方法で監視を行った場合、マイナーな特定環境で常に発生する異常を検知できなくなるケースがあります。このあたりはユーザサポートと連携するなど、別の運用でケアする必要があります。

パフォーマンス検査の場合、ログベースのものは前述のとおり全体から見た外れ値を除外する方法を利用しますが、プロファイリングを用いたパフォーマンス検査はサンプリング検査が基本です。プロファイリングを伴うパフォーマンス検査は性能に与えるオーバーヘッドが大きく、全ユーザ全アクセスに入れるとユーザ影響が大きすぎるためです。実装としては複数台あるサーバのうち一部サーバのみプロファイリングする設定を投入する方法や、APM を実現するライブラリが備える、特定の確率で観測処理を実行する機能を利用します。

3.4.3 データを可視化する

データをグラフにして傾向や状態を認知しやすくすることを可視化と言います。 データの可視化はたいへん奥が深いのですが、ここでは読む / 描くうえで重要な以下のポイントを解説します。

- 複数の値を累積的に描画しているか
- データがない区間をどう補完しているか
- 全データを描画しているか

監視テクノロジで扱うデータはほとんどが時系列データです。時系列データは基本的に横軸が時間・縦軸が観測値の折れ線グラフで描画します。1 つのグラフには関連する複数の値を描画するのが普通です。

このとき、可視化により総量や割合を認知したい場合は各観測値を累積的に描画する（Stacked） ことができます。そうではなく 2 つの値を比較したい場合は累積的には描画しません。値を読み間違えないよう意識してください。累積的な描画は、ステータスごとのネットワーク接続数のようにそれぞれの量や総量が重要な場合、あるいはメモリやディスクの使用量のように限られたリソースの利用状況を表す場合に向いています。

以下は累積的に描画しないグラフの例です。このグラフはディスクへの書き込み時間を表しています。iotime が 15、iotime_weighted が 50 のとき、iotime_weighted は 50 のところに描画されています。

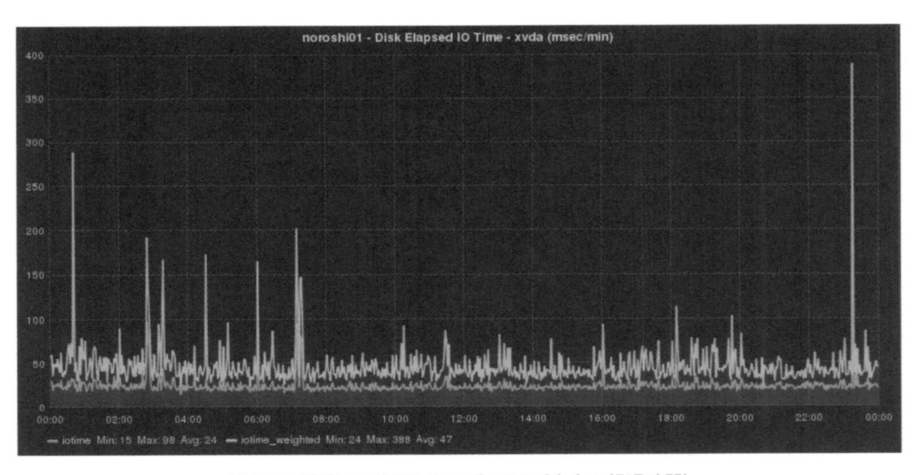

図 3.7：累積的に描画しないグラフの例（IO 経過時間）

以下は累積的に描画するグラフの例です。このグラフはメモリの利用量を表しています。mem_used が 500MB、mem_buffers が 250MB のとき、mem_buffers の線は 250MB のところではなく 750MB のところに描画されています。

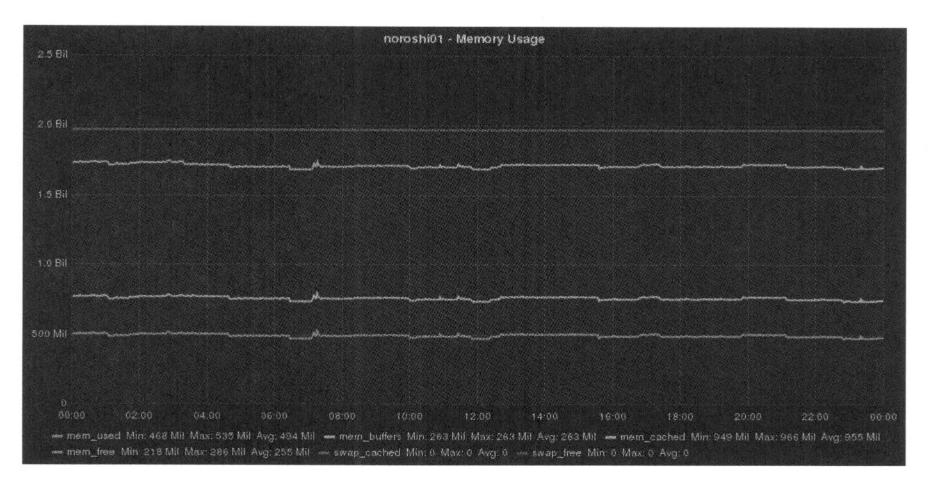

図 3.8：累積的に描画するグラフの例（メモリ利用量）

折れ線グラフなので点と点を直線で結びます。データが揃っている場合はきれいな線を描くことができます。データに欠損がある場合は以下のような処理の方法があります。

- 欠損は無視して存在するデータを直線で結ぶ
- 欠損箇所は 0 として扱う
- 欠損箇所は描画しない

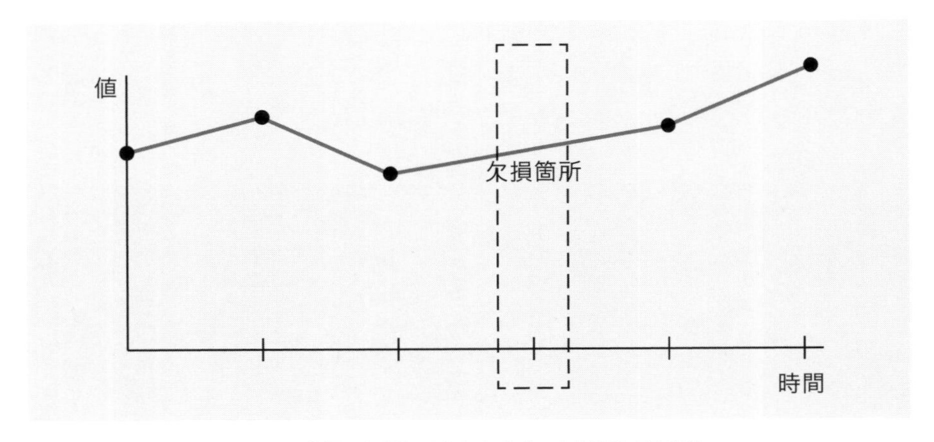

図 3.9：欠損は無視して存在するデータを直線で結ぶ例

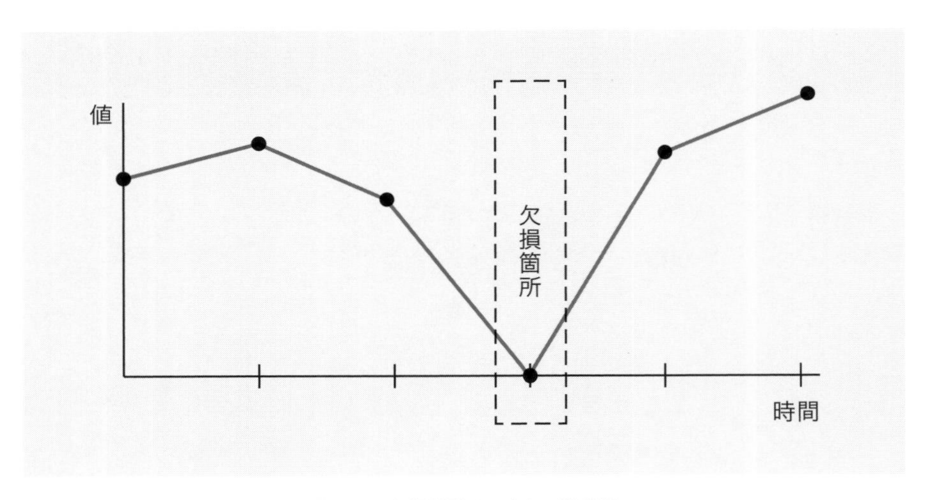

図 3.10：欠損箇所は 0 として扱う例

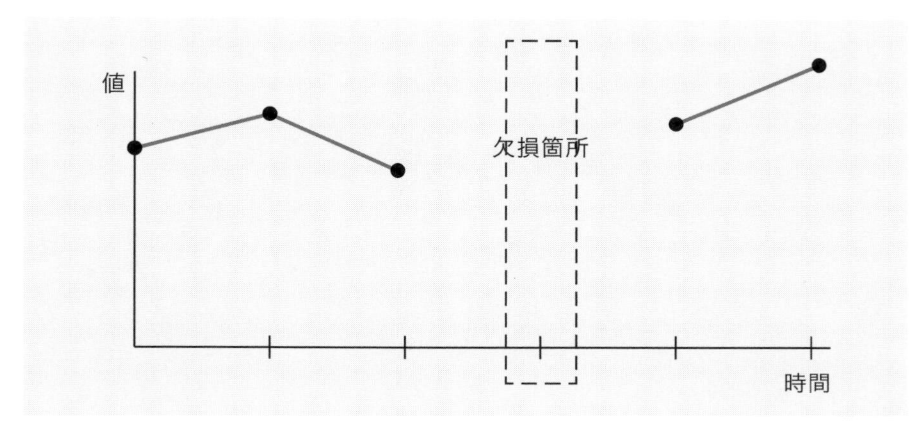

図 3.11：欠損箇所は描画しない例

1 分に 1 回観測したデータを 1 日分グラフに描画すると、1440 個のデータがプロットされます。1 週間分だと 10080 個、1ヶ月分だと 43200 個のデータがプロットされます。

実際に我々がグラフを見るときには、実はそこまでのデータは不要で、1 分に 1 個のデータを 60 分に 1 個にまとめてその 60 分の最大値（あるいは最小値 / 平均値）を描画することで、グラフの目的を果たすことができます。

現実的にデータ量が多すぎてプロットしきれない場合など、可視化のシステム側で適宜解像度を落とすよう処理が実装されていることがあるので、グラフにおいて値がどのように処理されているか意識してください。

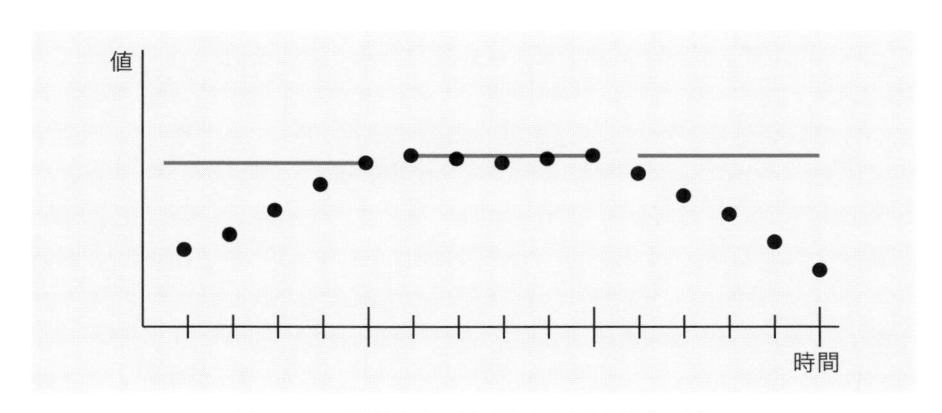

図 3.12：区間集計を行いそれぞれの最大値を採用する例

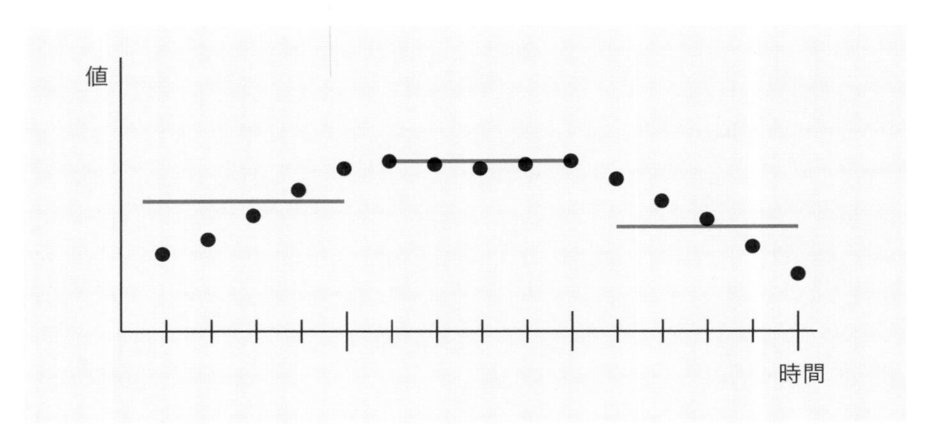

図 3.13：区間集計を行いそれぞれの平均値を採用する例

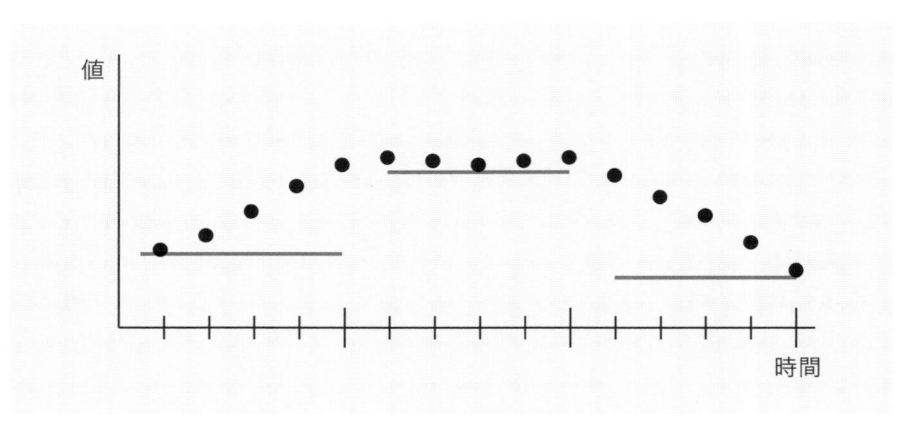

図 3.14：区間集計を行いそれぞれの最小値を採用する例

データを読む時は描画されたデータをもとに変化を読み解きます。 描画されている変化を発見することは比較的容易ですが、 その状況を解釈し理由を推測するのは難易度が高いので、 ベテランエンジニアと共にトレーニングを重ねる必要があります。

描画されていない異常を発見するのはなかなか難しいです。同日同時刻同サーバ他メトリクスとの比較、 同日同時刻他サーバ同メトリクスとの比較、 他日時同時刻同サーバ同メトリクスとの比較（昨日との比較、 一週間前との比較、 一か月前との比較……）などを行い、 起きるはずが起きていない変化を発見することで異常を発見できることがあります。

起きるはずの変化は、バッチ処理の実行予定やメディア露出によるアクセス増加予定などグラフを見ているだけでは発見しえないものもあります。変化するはずのリソースメトリクスが変化していないのであれば、なにがしか想定外の事象が発生していると考えられます。

Note：データが目に触れるまでの所要時間を把握する

ここまで説明したとおり、システムで何かできごとがあってから、その事実や影響が観測され観測結果データが監視されるまでにはさまざまな遅延要因があります。

エージェントのタイマー（観測間隔）、観測処理の所要時間、データ収集間隔、データ収集の所要時間だけでなく、収集されてから正常性判定が行われるまでの所要時間もあります。さらに通知として届くまでには正常性判定が行われてから発報するまでの所要時間、発報してから通知が届くまでの経路上での所要時間があります。データが収集されてからダッシュボードなどの画面で描画可能になるのも即時とは限らず、また描画可能になるのが同時とも限りません。複数あるサーバの同項目時刻の値を描画するとき、到着しているものだけ描画する、全部揃ってから描画するなどのバリエーションがあります。

特にデータが収集されてからの所要時間は利用者側からは見えづらいです。「即時」や「リアルタイム」「一瞬」という言葉の意味は人によって変わることがあるので、実際のところ何秒以内を担保しているのか、失敗したらどこでエラーになるのか、などをプロダクトに詳しいエンジニアに確認するのがよいです。

3.5 時系列データベースの基礎技術

前述のとおり、監視テクノロジで取り扱う観測データは時系列データベースに格納されることがほとんどです。前述のとおり時系列データベースは時系列データの保存・取り出しを効率的に行い、また時系列データを所定の条件で集計することもでき、中には回帰分析などを用いた予測を行えるものもあります。

代表的なプロダクトは以下のとおりです。これらのプロダクトは、MRTGやCacti、Ganglia、Grafana、Prometheusなど有名なメトリクスツールの裏側で活躍しています。

- RRDtool
  - RRDtool - About RRDtool
    https://oss.oetiker.ch/RRDtool/
- Graphite
  - Graphite
    https://graphiteapp.org/
- OpenTSDB
  - OpenTSDB - A Distributed, Scalable Monitoring System
    http://opentsdb.net/
- InfluxDB
  - InfluxData (InfluxDB) | Time Series Database Monitoring & Analytics
    https://www.influxdata.com/
- TimescaleDB
  - Time-series data simplified | Timescale
    https://www.timescale.com/

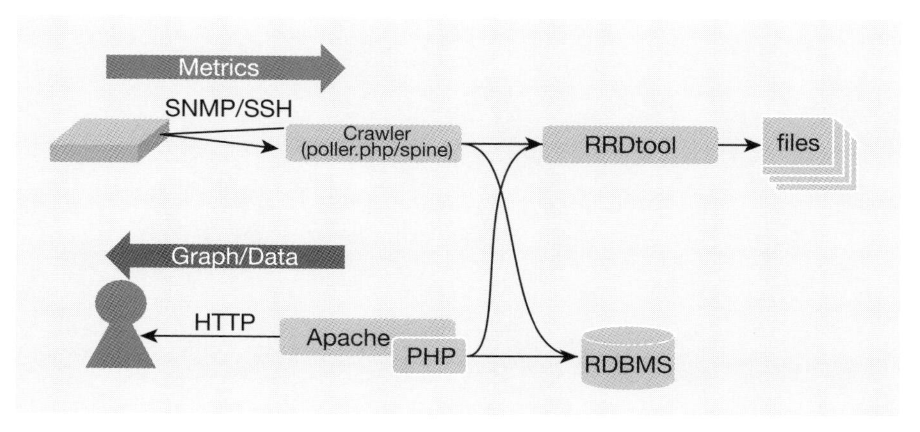

図 3.15：Cacti の構成概要（RRDtool を利用）

メトリクスの時系列データには以下のような特徴があります。

- メトリクスごとにデータ型を固定できる
- 値が前回値と近い値になりやすい（ほとんどの場合は大胆に値が変動し続けない）
- （ほぼ）一定間隔のデータが存在する
- データの鮮度によって参照される頻度が異なる。最近のデータは参照される可能性が高く、古いデータは参照される可能性が低い
- 必ず高い解像度が必要なわけでもない（区間の最大値 / 最小値がわかればよいものが多々ある）

メトリクスの時系列データを扱う上で最大の課題はデータ読み書き速度（IOPS = Input Output per Second）です。メトリクスデータは取得間隔ごとに観測されるため、TSDB は取得間隔の間に保存処理を完了させる必要があります。1 回の観測処理で観測されるメトリクスデータはノードあたり観測項目数 (メトリクス数) x ノード数個です。

例えば、取得間隔が 60 秒、ノードあたり観測項目数が 500 個、ノード数が 100 台の場合、60 秒あたり 50,000 個のメトリクスデータを保存する必要があります。

1 データを 8Byte とすると、1 回の観測で必要なデータ量は 400KB です。

60 秒で 400KB 書き込むのは性能的に難しくありませんが、60 秒で 50,000 回 HDD をシークするのはなかなか難しそうです。さらに書き込みだけでなく読み込み要求を処理する必要もあります。

さらにこれだけのデータを保持期間の分だけ保持する必要もあります。保持期間を2年とすると、1年は60秒が約525,600回なので2年で約420GBになります。420GBと言うとかつては処理しきれないほどの大容量でしたが、現代ではデータ容量よりも先にデータ読み書き速度が問題になります。

とはいえ時系列データベースの歴史は、データ容量とデータ読み書き速度という課題に対する解決アプローチの歴史です。そのアプローチをいくつか紹介します。

3.5.1 RRDtoolでのディスク使用量見通しを立てる工夫

RRDtoolは、1999年にバージョン1.0.0がリリースされた老舗の時系列データベースです。この頃はまだSSDは流通しておらず、HDDが利用されており、ディスクドライブ1台あたりの容量は数GB～数十GB程度が主流でした。1TB以上のSSDが安価に入手できる現在とは事情が大きく異なります。

RRDtoolは、1メトリクス1ファイルでデータを保存します。ファイルフォーマット（ファイル内のデータレイアウト）はRRD（Round Robin Database）という独自フォーマットです。ファイルフォーマットはヘッダ、直近のデータ（高解像度）、古いデータ（低解像度）と続きます。直近のデータと古いデータは、あらかじめファイル生成時に最大保持数（保持する世代数）を決めます。データが古くなったら解像度を随時落とし、最大保持数を決めることで、データの価値を大きく毀損しないよう配慮しつつファイルあたりの容量が一定になるようにしています。

ファイルあたりの容量の決定要因はデータ取得間隔・解像度・保持期限・データ型です。これらはメトリクスの対象項目によって変更することはほとんどありません。従ってデータの総容量はメトリクス数から見積ることができます。

かつてはクラウドインフラではなく、サーバはそうそう増えたり減ったりするものではありませんでした。そのため観測対象のサーバの台数から時系列データの総容量を見積ることができるRRD / RRDtoolは大変利用しやすいフォーマットでした。またクラウドではないためメトリクスを保存するサーバのディスク容量を随時追加する運用が難しく、設計時点で必要なディスク容量の見通しが立つということは大変な価値でした。

最近はクラウドインフラになり、サーバやインスタンスを動的に生成したり使い捨てたりするようになったこと、ディスク容量を随時拡張しやすくなったことなどから、あまりメリットが活かせなくなりました。

3.5.2 Graphiteでの大規模化対応の工夫

2010年代前半からRRDtoolに代わりGraphiteの事例が増えてきました。この頃はHDDのディスクドライブ1台あたりの容量が数百GBのものが主流でした。SSDはありましたが容量は数十GBが主流で、監視システムのためにSSDを数百GB用意するのはまだ非現実的でした。

GraphiteではRRDtoolのよいところは継承しつつ、データ読み書き速度の問題をスケールアウトで解決することで、システムの大規模化に対応できるようになりました。読み書き要求をネットワーク経由で受け付けることで、要求受け付けと実際に保存するファイルの間で、データをルーティング・複製・分割できるようになっています。

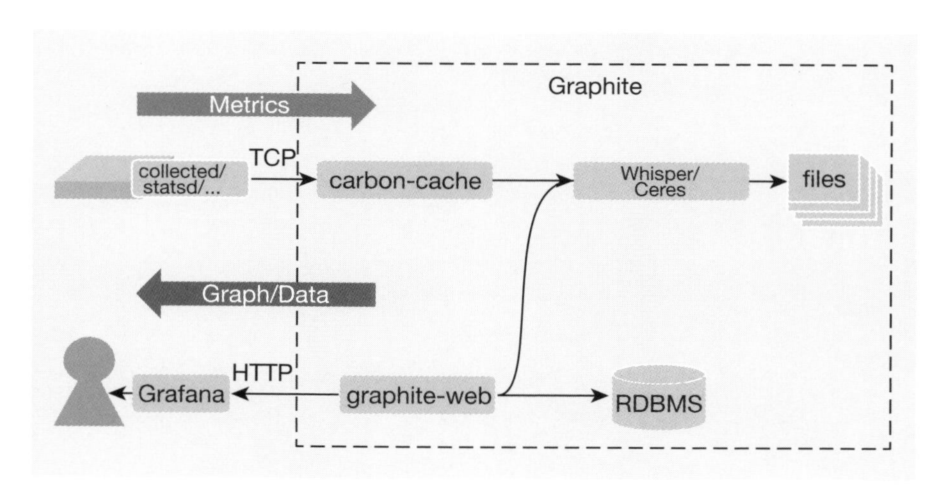

図3.16：Grafana+Graphite 基本構成例

Graphite はストレージプラグインとして Whisper や Ceres を利用します。Ceres も RRDtool 同様に 1 メトリクス 1 ファイルです。Ceres では時系列データの特性を利用して以下のように容量を抑えています。

- ファイル名に初回データの日時とデータ取得間隔を記録 {start_time}@{interval}
- 1 回分のメトリクスは固定長
- ファイル内はタグや区切り文字はなく、固定長データの羅列

このようにすることで、実データ以外に容量を使うことなくデータを格納しています。データを書き込むときは末尾に追記し、データを読み込むときにはファイル名・データ長から必要な情報の位置を計算し、ファイルを seek し該当位置に移動して取り出します。

RRDtool と同様に古いデータの解像度を随時落とす機能もあるため、1 メトリクスあたりの最大ファイル容量を見積ることができます。

前述のとおり Graphite は読み書き要求をネットワーク経由にすることで大規模化に対応しました。具体的には carbon-relay を利用することで、データの複製やシャーティング（分散保存）を実現します。

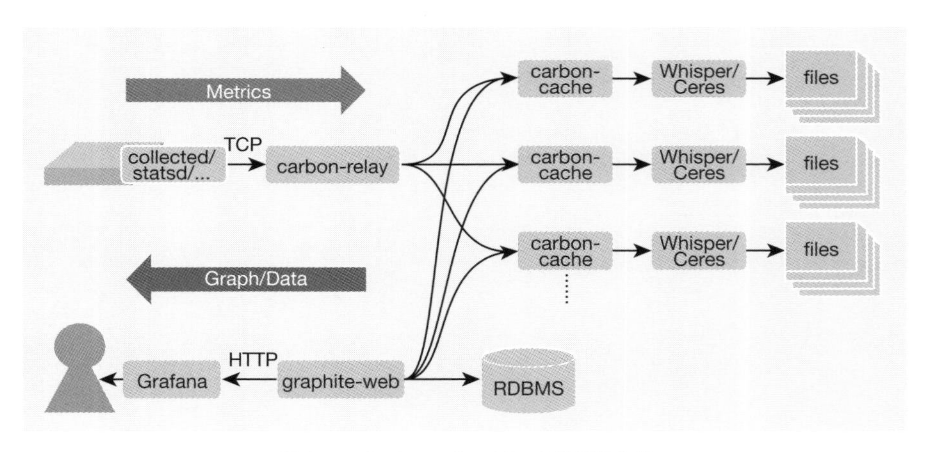

図 3.17：Grafana+Graphite 大規模構成例

3.5.3 Prometheus や Mackerel での階層化の工夫

データの鮮度によって参照される頻度が異なる = 最近のデータは参照される可能性が高く、古いデータは参照される可能性が低いという特性を利用し、俗に階層化（Tiering）と呼ばれる手法を用いて性能とコストを両立させる取り組みがあります。

頻繁に参照されるデータ（例えば25時間ぶんや5週間ぶん）だけは読み書き速度重視のストレージに保管し、古くなったデータは容量重視のストレージに移動します。時系列データベースの利用者はそれらを透過的に扱うことができれば特に問題はありません。

例えばPrometheusにはLocal StorageとRemote Storageの2種類があり、スケーラビリティや性能、冗長性、可用性などについてはRemote Storageに委譲されています。[3]

MackerelではAWSを活用し、高速ストレージとしてDynamoDB、低速ストレージとしてS3を採用した階層型TSDBの事例を発表しています。[4]

Note：時系列データベースについて

時系列データベースについてさらに深堀りする場合、以下の資料をきっかけに掘っていくとよいです。

- Time-series-database-world - Speaker Deck https://speakerdeck.com/rrreeeyyy/time-seriesdatabase-world

3. Storage | Prometheus https://prometheus.io/docs/prometheus/2.12/storage/
4. 時系列データベースという概念をクラウドの技で再構築する - ゆううきブログ https://blog.yuuk.io/entry/the-rebuild-of-tsdb-on-cloud

3.6 ログの基礎技術

3.6.1 ログファイル特有の観測技術

ログは出力され続けるものです。ログファイルの観測手法はカウンタに似ています。最近はログをストリームとして処理することもありますが、ここではファイルに出力する場合について話します。

60秒に一度などの観測のたびにログファイルの全行をチェックすると観測負荷が高すぎるため、前回チェック済みの行までは飛ばして未チェックの行まで移動し（seek）、続きから差分のみをチェックします。そのため観測の度に監視システムまたは監視対象上に前回チェック済みの位置を記録しておく必要があります。記録したファイルを俗にseekファイルと呼びます。

カウンタもログファイルも、観測対象側に前回の値を記録しておくと観測プログラムの実装がシンプルになり、観測プログラムの作成が楽です。しかし正規の観測以外の観測を行ってしまうと、前回観測値が上書きされて正しい値がわからなくなります。

実行の度に上書きされてしまうとなるとリトライもできず運用が難しくなるため、前回観測から一定時間以内は前回観測値を更新しないキャッシュ機構など、込み入った実装が必要になります。

ログファイルで気を付けなければならないのはファイルのローテーションです。大抵のログは日次 / 週次などでローテーションされるため観測と観測の間に出力先の実体が変わる可能性があります。OSがLinuxの場合、ほとんどのケースでローテーションは1. ファイルをリネーム（i-nodeは変更なし）、2. ファイルを開き直して新しいファイルを作成しログを記録、という形で実装されます。素朴にファイル名だけで追いかけていると、ローテーションのタイミングでとりこぼしが発生するため、seekファイルに行数だけでなくファイルのi-nodeを記録しておき、ローテーションを追従する必要があります。

筆者が所属するハートビーツで公開しているログ監視プログラムcheck_log_ngはそのあたりをひととおり実装しているのでぜひご参照ください。

- heartbeatsjp/check_log_ng: Log file regular expression based parser plugin for Nagios. https://github.com/heartbeatsjp/check_log_ng

3.6.2 観測しやすいログ形式

観測しやすいログは以下の特徴を備えています。これらの点を満たした出力であればログ集約・分析ツールの導入だけでなく、システムのマイクロサービス対応もスムーズです。

- テキスト形式
- 1行1エントリ
- 構造化されている
- 出力エンコーディングが統一されている

代表的な構造化ログフォーマットはJSONとLTSV（Labeled Tab Separated Values）です。構造化はデリミタやラベルの分の容量がもったいない気がしますが、代わりに出力順や出力有無を考慮しやすく読み込み・分析がとても楽になります。

現代のシステムでは容量・出力量よりも、取り扱いの容易さを選択するとコストパフォーマンスが高いことがほとんどです。

Example：構造化ログの例

JSON形式のログ

```
{"time":"2019-09-30 20:30:13","code":200,"message":""}
{"time":"2019-09-30 20:30:15","code":500,"message":"Unexpected
error as occured"}
{"time":"2019-09-30 20:30:18","code":200,"message":""}
```

LTSV形式のログ（<TAB> は実際にはタブ記号）

```
time:2019-09-30 20:30:13<TAB>code:200<TAB>message:
time:2019-09-30 20:30:15<TAB>code:500<TAB>message:Unexpected
error as occured
time:2019-09-30 20:30:18<TAB>code:200<TAB>message:
```

Chapter

4

監視テクノロジの導入

4.1 「監視」に対する期待

「監視をしよう」「監視テクノロジを導入しよう」という話が出る時の「監視」に対する期待や要求の典型的なものは以下のとおりです。

- A. 異常を検知して即時対応したい
- B. 異常を検知して翌営業日以降に対応したい
- C. 対応はしないけど、異常があったことを知りたい
- D. 特にこれという観点はないが、記録しておきたい

監視対象システムや監視システムではなく、いつ・どのように対応するかが興味の中心だということを念頭に置いてください。それぞれの具体的な内容は以下のとおりです。

表 4.1：「監視」に対する期待・要求と具体的な対応パターン

パターン	観測・記録	異常性の判定	行うべき通知	対応完了したかの管理
A.異常を検知して即時対応したい	する	する	強い通知[1]	する
B.異常を検知して翌営業日以降に対応したい	する	する	弱い通知[2]	する
C.対応はしないけど、異常があったことを知りたい	する	する	通知なし(記録のみ)	しない
D.特にこれという観点はないが、記録しておきたい	する	しない	しない	しない

1 電話・チャットなどを用いて、通知先を迅速・確実に拘束する通知
2. チケット起票などを行い、通知先が任意のタイミングで内容を知ることができる通知

4.1.1 A. 異常を検知して即時対応したい

何か本当にヤバいことがあって、今すぐにそのヤバいことに対処したい・しなければならない場合はこのパターンです。

表 4.2：「異常を検知して即時対応したい」場合の対応パターン

パターン	観測・記録	異常性の判定	行うべき通知	対応完了したかの管理
A.異常を検知して即時対応したい	する	する	強い通知[1]	する

狭義の監視**定期的・継続的に、観測し異常を検知し復旧させせること**を念頭に置くと「システムの異常を検知する」ことに興味が向きがちですが、システムの異常をなんでもかんでも洗い出し強い通知を行うのは典型的なアンチパターンです。システム利用者の視点でシステムの可用性を評価する指標であるSLI（Service Level Indicator）への影響を軸に判断すべきです。「SLI低下が発生中で継続している」状況と「システムの状態は通常と異なるがSLI影響はない」「SLI影響はすでに終息している」状況とでは必要な対応が全く異なります。

「SLI低下が発生中で継続している」場合は通知を行い、速やかに対応を開始する必要があります。Webサービスにおいて SLIを時間ベースの指標とした場合、典型的には監視システムから監視対象システムにアクセスし（外形監視）、応答有無・応答性能・応答内容などを確認します。リクエストベースの指標の場合はアクセスログを分析し、アクセスの量・応答時間・エラー発生率などの量や変化率を観測し、正常性を判定します。

「システムの状態は通常と異なるがSLI影響はない」「SLI影響はすでに終息している」場合、基本的に強い通知は必要ありませんが、少し悩ましいのはSLIに直接的に影響のある異常の事後回復処理です。具体的な内容はシステム構成や処理内容により異なりますが、典型的には高可用性構成の修復などです。例えば冗長構成のデータベースの系切り替えが正常に実行された場合、切り替え処理の間はわずかに通常利用できない（=SLI 低下が発生する）期間が存在しますが、SLI への影響はすでに終息しているので即時対応は必要ないはずです。しかし冗長構成の再構築（= 事後回復処理）を手動で行う必要があり、かつ非冗長状態の可用性が著しく低く冗長構成をすぐに再構築する必要がある場合には、即時対応のために強い通知を行う必要があります。（なお非冗長状態の可用性が著しく低い場合は設計や利用基盤などをイチから再考したほうが建設的です）

過去・現在だけでなく未来に視野を広げてみます。「このままいくと SLI 低下が発生するが、今対処し始めれば回避可能」という場合は強い通知を行い即時対応することで SLI 低下を未然に回避できます。具体的にはストレージ空き容量の減少速度が突然高速化し、空き容量が急激に減少している場合などです。

繰り返しになりますが、**対応する**というのが通知の要件だということを思い出してください。SLI 低下が発生しているが対応することがない（何もできない）場合や、すでに終息しており何も対応がない場合の強い通知は不適切です。

なお、強い通知は受信側がインパクトを受けがちなので、正確な正常性判定結果に基づき、必要最低限の適切な相手に対してのみ利用することが重要です。一般に検査において検体の状態が検出対象の状態であることを positive（陽性）、検体の状態が検出対象の状態でないことを negative（陰性）と呼び、検査を行い検出対象の状態だと判定したが実際は検出対象の状態でないケース（誤検出）を false positive（偽陽性）、検出対象の状態ではないと判定したが実際は検出対象の状態であるケース（見逃し）を false negative（偽陰性）と呼びます。監視の文脈においては、異常だと判定したが異常ではなかったケース（誤検知）を false positive（偽陽性）、逆に異常なしと判定したが異常だったケース（見逃し）を false negative（偽陰性）と呼びます。

オオカミ少年の寓話のように、false positive は通知の信頼性を低下させ、受け取り側に通知の重要性を引き下げさせる悪い効果があります。

表 4.3：ケースごとの判定結果・実際の状態の呼び方

↓判定結果＼実際の状態→	異常	正常
異常（陽性＝異常ありと判定）	true positive（真陽性）	false positive（偽陽性）
正常（陰性＝異常なしと判定）	false negative（偽陰性）	true negative（真陰性）

強い通知はその後の対応を促すためのものであり、重要性が下がると「通知を受け取る」こと自体が疎かになります。監視システムがステークホルダにとって価値があるものであり続けるために、強い通知において false positive を排除することはとても重要です。また真面目に対応し続けた結果燃え尽きてしまうこともあり、この状況を俗にアラート疲れやアラート燃え尽き症候群と呼びます。

false negative を恐れるあまり異常性の判定基準を厳しくしがちですが、false positive と false negative は等しく監視システムの信頼性を既存することを前提に、継続的な運用を実現するために false positive を排除します。SLI に直接関わる項目だけは false negative をなくすことを優先し、SLI に直接関わらない項目は強い通知において false positive を減らすことを優先するとよいです。

判定基準だけでなく通知の最適化も重要です。A さんにとって false positive だが B さんにとっては false positive ではない、という場合は B さんのみに通知する対処を行います。例えば自動復旧が正常に動作したためシステム的な対応が不要という状況であっても、広報やユーザサポートは即時対応が必要なケースがあります。具体的には利用者に対するアナウンスや、接続トラブルに対する補填の検討、サポート対応のための情報提供を行うなどです。このような場合も強い通知を行うことがあります。

このように広義の監視**定期的・継続的に、観測しシステムの価値を維持・向上させる営みの全て**を念頭に置くと、また少し違う世界が見えてきます。

4.1.2 B. 異常を検知して翌営業日以降に対応したい

何かヤバいことがあって、そのヤバいことに近々に対処したい・しなければならない場合はこのパターンです。

表 4.4：「異常を検知して翌営業日以降に対応したい」場合の対応パターン

パターン	観測・記録	異常性の判定	行うべき通知	対応完了したかの管理
B.異常を検知して翌営業日以降に対応したい	する	する	弱いPush通知[2]	する

人間による何らかの対応が必要ではあるものの、即時対応までは必要ない場合はすべてこのパターンです。システムを SPOF（Single Point Of Failure：単一障害点）がないよう適切に冗長構成を組んだ場合、ほとんどがこのパターンになります。

4.1.3 C. 対応はしないけど、異常があったことを知りたい

何かがあって、その何かは対処する必要はないが記録はしたい・しなければならない場合はこのパターンです。

表 4.5：「対応はしないけど、異常があったことを知りたい」場合の対応パターン

パターン	観測・記録	異常性の判定	行うべき通知	対応完了したかの管理
C.対応はしないけど、異常があったことを知りたい	する	する	通知なし（記録のみ）	しない

システムを運用しているとよくあるパターンです。対応が必要なものと明確に切り分けておくことで、健全な運用体制を守ることができます。

アラート疲れやアラート燃え尽き症候群を避けるために、**C. 対応はしないけど、異常があったことを知りたい**と **D. 特にこれという観点はないが、記録しておきたい**を積極的に活用しましょう。

4.1.4 D. 特にこれという観点はないが、記録しておきたい

何かがあってもなくても状況や観測結果を記録したい・しなければならない場合はこのパターンです。

表 4.6：「特にこれという観点はないが、記録しておきたい」場合の対応パターン

パターン	観測・記録	異常性の判定	行うべき通知	対応完了したかの管理
D.特にこれという観点はないが、記録しておきたい	する	しない	しない	しない

こちらもシステムを運用しているとよくあるパターンです。異常性の判定すらしないのであれば観測・記録も不要か？というとそういうこともなく、分析や振り返りを行ううえで重要な情報源となります。なにせ、異常を知るためには通常と正常も知る必要があります。

Note：通常と正常と異常

用語の定義は曖昧で、それぞれの背景によってブレがちなものです。あるあるの例を紹介します。以下は「異常」が「通常と異なる」と「正常ではない」という 2 つの意味で捉えられることから派生したややこし例です。

語	意図
異常だが通常	いつもシステム利用に支障がある
異常だが正常	システムの状態はいつもと異なるがシステム利用に支障はない
通常だが異常	システムの状態はいつもどおりだがシステム利用に支障がある
通常で正常	システムの状態がいつもどおりでシステム利用に支障がない
正常で異常	システム利用に支障はないがシステムの状態はいつもと異なる
正常で通常	システム利用に支障がなくシステムの状態はいつもどおり

4.2 監視を始める

監視を始める段取りはおおまかに以下のとおりです。

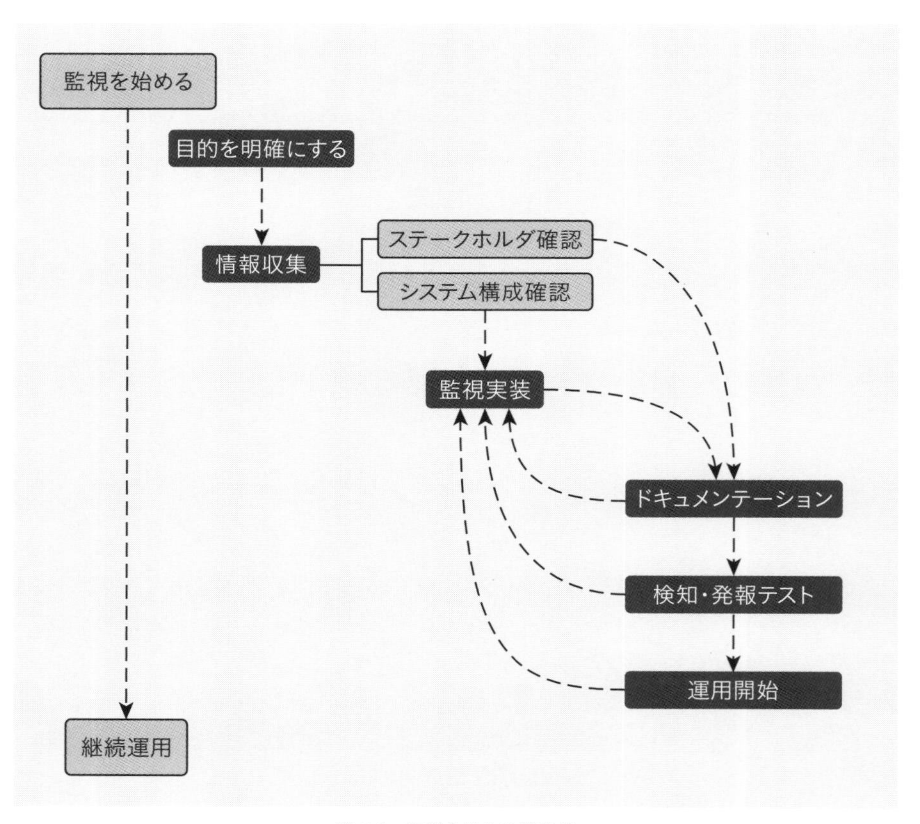

図 4.1：監視を始める段取り

4.2.1 まず目的を明確にする

まずは監視テクノロジを導入する目的を明確にしておきましょう。

といってもだいそれたものや抽象的なものが必要なわけではありません。狭義の監視**定期的・継続的に、観測し異常を検知し復旧させること**を念頭に置き、インシデント発生時の方針を明確にしておきましょう。おおまかに復旧優先か原因解明優先かの選択肢があります。Web サービスの場合は常にシステム利用者がいるのでほとんどのシステムで復旧優先ですが、業界特性や市況の影響を受け優先順位が変わる可能性があります。サービス運用体制によっては、復旧よりも社内報告と承認フローが優先されることもあるでしょう。後からゴタゴタしないよう、ゴタゴタしても筋が通せるよう作り込んでいきましょう。特に市況は流動的なので、絶えず情報収集し、サービス運用に関わる全員で情報共有しておきましょう。

そのサービスが所属する業界の特性は要注意です。所管官庁や業界団体のガイドラインにより、可用性目標やセキュリティ基準、インシデント発生時の報告義務などが規定されている場合があります。

方針が決まったら、システム全体の評価指標を確認しましょう。具体的には KPI(Key Performance Indicator) や SLI (Service Level Indicator) と呼ばれる指標として何を利用するか、どの程度の数値を目標とするか確認します。

前述のとおり Web サービスの場合は可用性計測・維持・向上が目的となることが多く、SLI として可用性を時間ベースあるいはリクエストベースで算出します。

なお、可用性の実績をもとに開発やリリースすべき対象へ変更することがあるので、SLI を用いた可用性計測のタイムウィンドウ (月ごと、週ごとなど) は開発やリリースのサイクルと合わせて考えるとよいです。

Example：SLI や SLO をこれから考え始める場合

これから始めようという段階であれば、まずは優先順位を以下のように決めて始めるのがお勧めです。

1. ユーザ影響のある異常を迅速に検知し復旧する
   - ユーザ影響を迅速に回復することを優先事項とする
   - ただし情報漏洩が疑われる状況の場合は被害継続・拡大防止を優先する
2. トップページが規定時間内に応答できたことを基準とし、時間ベースで可用性を計測する
   - 週次で確認し、適正値を達成する取り組みを継続的に行う

情報がない段階で現実的な SLI や SLO を規定するのは困難です。お気持ちだけの SLO を掲げると形骸化して悪影響なので、現実的な SLI や SLO が規定できないのであれば、最初は規定しないほうがいいです。構成上の SLO が算出できる場合はそこを出発点とするのもいいアイデアです（現実的であることが重要なので、要求仕様ではなく構成上の SLO を参考にするのが望ましいです）。初めから高望みはせず、メトリクスやログを収集する運用が回り始めてから規定し、随時見直すのがお勧めです。

Note：可用性は高すぎても不適切！？

一般に品質 / コスト（お金·工数など）/ 所要期間（納期）はトレードオフの関係です。そして時間ベースの可用性の場合、一般に 99.95% より上を実現しようとするとコストや難易度が急激に増加します。

職人肌のエンジニアはついつい忘れがちなのですが、品質は高ければ高いだけよいということはありません。品質・コスト・納期のバランスをとることこそが現実に適応可能なエンジニアリングです。過剰品質でうまく回っているように見えるのであれば、誰かに過剰な負担がかかっているなどの歪みが生じている可能性があります。あるいはもともとの計算に間違いがある場合もあります。

可用性の実績が SLO より高い場合はそれだけチャレンジの余地があり「チャレンジが足りていない」あるいは「エンジニアリングリソース配分を見直す余地がある」とも考えられます。激しい市場競争の中においてチャレンジ不足は中長期的な負け筋になることが多いので、SLO まで落ちても全く問題ないという前提のもとで取り組む必要があります。この考え方は SRE の文脈ではエラーバジェット（Error Budgets）という用語で説明されているので、興味が出たら深堀りしてみてください。

Note：監視テクノロジで可用性は上がらない！

監視テクノロジを活用し運用した場合、前述のとおり可用性を設計レベルの理論値に近づけることができます。

監視テクノロジを活用すると検知・通知が迅速になりますが、だからといってMTTRはあまり短くなりません。特に、オンコールなどにより人間が介在する場合、少なくとも対応開始までに10～30分かかるのが普通です。そこから復旧までは、正直わかりません。スムーズにいけば5分かからず復旧します。筆者の経験上ほとんどは30分以内に目途が立ちますが、状況が複雑な場合は対応が数時間に及ぶこともあります。このようにMTTRの短縮は難しいものの、監視テクノロジを活用し、適切に運用していればトラブルが放置されることはありません。

MTTRを短くするのは高可用機構や自己修復機構の役割で、MTTRが長くなりすぎないようにするのが監視テクノロジを活用した運用の役割です。

Note：SLAは読み方が難しい

各種クラウドプロバイダが提供するSLAは99.95%を上回ることがあり、内部で大変な努力が払われていることが推測できます。

ただしクラウドプロバイダの可用性SLAが99.95%だからといって、99.95%の可用性が保証されているとは限らない点に注意してください。クラウドプロバイダのSLAは可用性保証ではなく返金基準であることが多いです。さらに適用に複雑な条件が設けられている、ユーザ側で自発的に判断したうえで煩雑な手続きが必要、という場合もあります。つまり技術的な観点だけでなく、各クラウドプロバイダが競合との競争の中でビジネスとして成立させられるラインをSLAとして設定していると推察できます。

クラウドプロバイダに限らず、公言されているSLAの制限や算出方法は把握しておきましょう。特に除外規定には注意が必要です。利用者の期待に反する除外規定が設けられていることがあります。「ただし自社管轄外のインフラ起因の問題については除く」(データセンタ拠点は冗長化しないのでデータセンタのトラブルは対象外という意味)、「ただし地震・台風等の災害に起因する事象は除く」、「事業者の監視システムでの観測結果を基準とする」(同じデータセンタに監視拠点がある場合、データセンタ外からの利用が不可であっても監視拠点からは異常が検知できない)、「事象が30分間以上継続した場合のみを算出対象とする」などの除外規定の有無をよく確認しておきましょう。

目的・方針と評価指標は合議で決定する性質のものではありません。そのシステム・サービスの方針そのものなので、体制のトップの合意・承認が何より重要です。決定者は具体的にはプロジェクトオーナーやプロジェクトマネージャ、担当役員などが該当することが多いように感じます。

4.2.2 情報収集する

ステークホルダの洗い出し

そのサービスの運用体制を確認します。典型的には企画 / ユーザサポート / アプリケーション開発・運用開発 / インフラなどに分かれていることが多いと思います。ドキュメントだけでなくヒアリングを併用し洗い出します。

それぞれのセクションの担当者 / 責任者の、名前や部署名、連絡先、受付時間、対応時間を確認しておきます。責任者はトラブル対応を行う上で、実運用上の判断ができる責任者が誰なのかを確認します。権限・能力面双方を兼ね備えるのが理想的ですが、能力面が伴わない場合はアウトソースなどで補完する必要があります。

あわせて、トラブル対応に必要な情報も収集します。利用しているハードウェアやソフトウェア、サービスのサポート窓口も確認しておきます。連絡先、受付時間、対応時間に加えて、契約内容をもとに対応可能な範囲や回答・対応のリードタイムを把握しておきます。

また利用しているサービスが障害情報を提供するステータスページも把握しておきます。なおサービスのステータスページは更新される条件が期待と異なることが多々あるため、更新条件を利用者レベルで確認しておくことをお勧めします。サービスによって、更新に時間がかかったり、全体の N% 以上が影響を受けた場合に異常ありと掲出する閾値が高かったりというケースがあります。

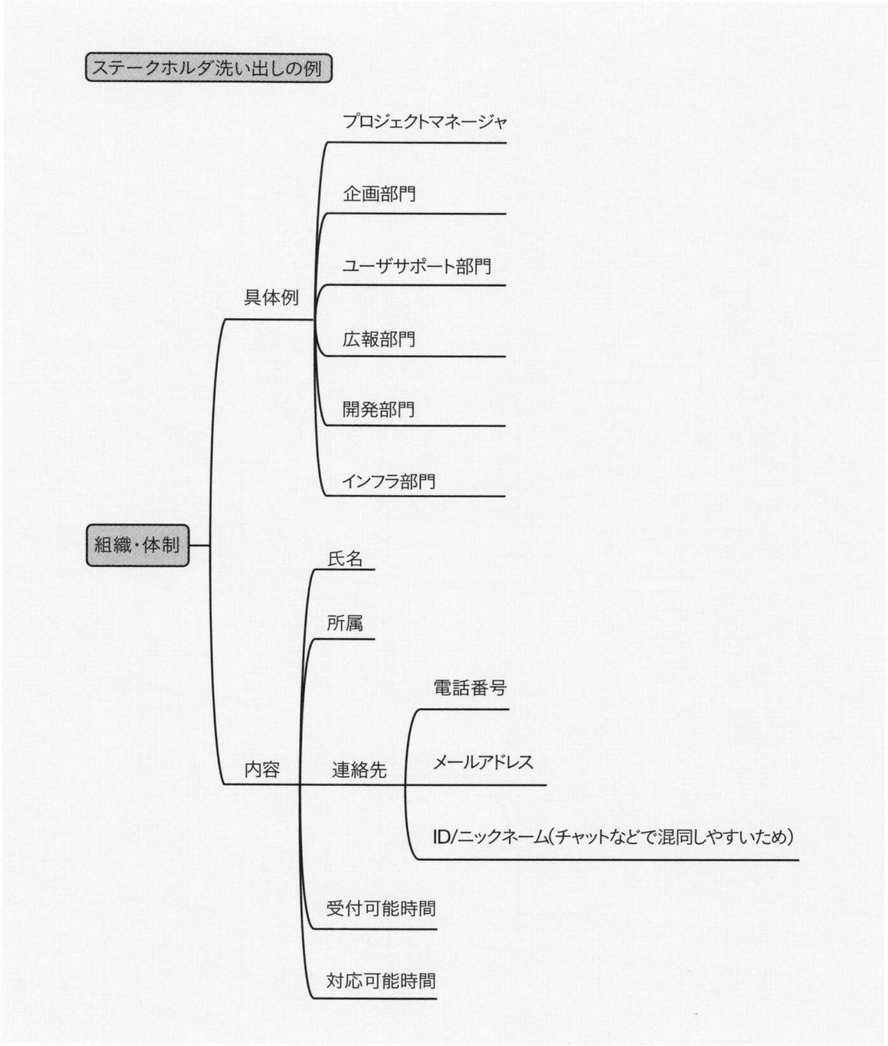

ステークホルダ洗い出しの例

- 組織・体制
  - 具体例
    - プロジェクトマネージャ
    - 企画部門
    - ユーザサポート部門
    - 広報部門
    - 開発部門
    - インフラ部門
  - 内容
    - 氏名
    - 所属
    - 連絡先
      - 電話番号
      - メールアドレス
      - ID/ニックネーム(チャットなどで混同しやすいため)
    - 受付可能時間
    - 対応可能時間

図 4.2-1：ステークホルダ洗い出し観点の例（組織・体制の観点）

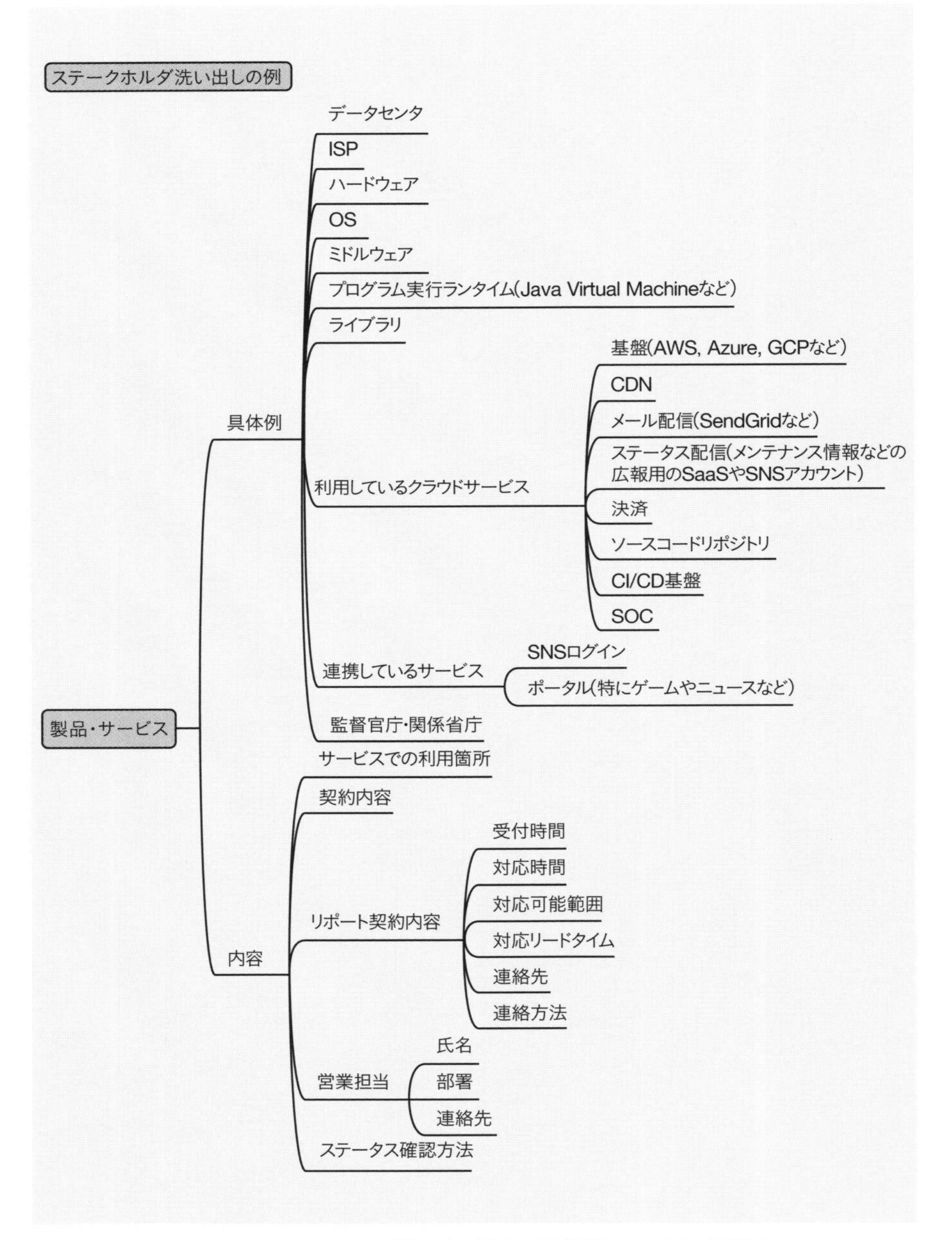

図 4.2-2：ステークホルダ洗い出し観点の例（製品・サービスの観点）

Example：ステータスページの例

Amazon Web Services: AWS Service Health Dashboard
https://status.aws.amazon.com/
Microsoft Azure: Azure の状態
https://status.azure.com/ja-jp/status
Google Cloud Platform: Google Cloud Status Dashboard
https://status.cloud.google.com/
Heroku: Heroku Status
https://status.heroku.com/
Datadog: Datadog Status
https://status.datadoghq.com/
Mackerel: Mackerel Status
https://status.mackerel.io/

4.2.3 システム構成の確認

物理的な構成と依存関係、論理的な構成と依存関係、データフローを確認します。構成が明確でわかりやすいと、トラブルの影響箇所の特定や、異常検知箇所からの切り分けが大変捗ります。

従来のデータセンタ直接利用オンプレミスシステムであれば、情報を収集したうえで典型的に以下の構成図を作成します。

- 機器配置（データセンタ配置、ラック配置、電源レイアウトなど）
- ネットワークの物理構成（利用機器、配線など）
- ネットワークの論理構成（ルーティング、フィルタリングなど）
- サーバの物理構成（利用機器、配線など）
- サーバの論理構成（利用 OS、用途など）
- アプリケーション構成（利用ミドルウェア、用途など）
- アプリケーション単位でのデータ接続

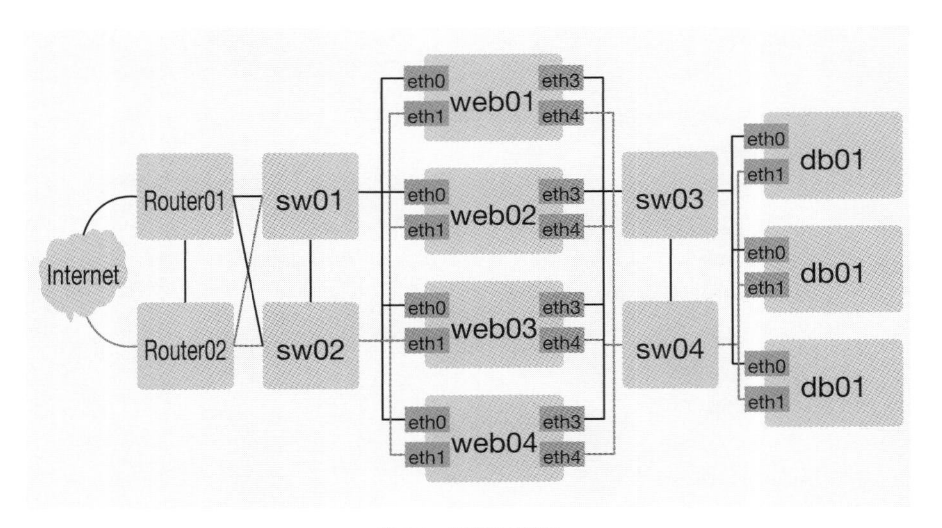

図 4.3：物理構成図例

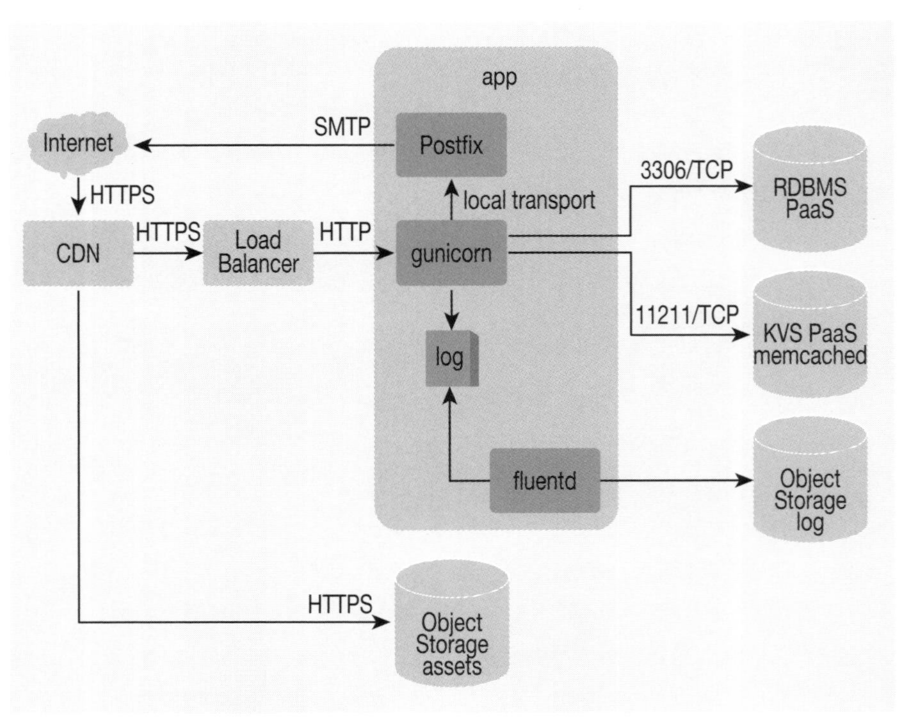

図 4.4：アプリケーション構成図例

小規模なシステムやシンプルなシステムの場合は図を省略し、ネットワーク論理構成、アプリケーション構成、アプリケーション単位でのデータ接続の3つの観点のみ把握でも十分です。型通りの情報を収集することに固執せず、規模や性質に応じて適切な情報を収集しましょう。

4.2.4 監視を実装する

まずは以下のツールから始めましょう。

- チェック
- メトリクス
- ドキュメント
- チケット
- コミュニケーション

まずはドキュメントを書くべきでは?というのはごもっともで、すでに決定していること、わかっていることは書いておくべきです。目的、ステークホルダ、システム構成は書けるはずですね。

その他の項目についてはドキュメントが先、が望ましいように思われますが、チェックやメトリクスは実装から項目を自動生成する項目が多く、自動生成するものは生成結果をもとにドキュメントを記載すべきなので、必ずしもドキュメントが先とはなりません。

この段階のドキュメントは実装の指針となる事項を書くべきで、自動生成結果を予測してあらかじめドキュメントを書くのは悪手です。運用開始までに実装とドキュメントが揃っていればよいので、工程をぐるぐるしましょう。適切な運用を行っていると、監視実装もドキュメントも運用開始後に随時頻繁に更新します。ツール選定については後述します。

4.2.5 ドキュメンテーションする

ドキュメントは読むために作成するものです。読みやすく、読んで意味がある状態を継続的に実現する必要があります。このドキュメントの読者は現場で対応・実装を行う担当者です。担当者が読みやすく、読んで意味があるものにする必要があります。担当者でない人がこのドキュメントを読みたい場合は、その読みたい人が努力してドキュメントをうまく読めるようになる必要があります。本書では現場で対応・実装を行う担当者にとってドキュメントが読みやすく、読んで意味がある状態を「よい状態」と称します。

ドキュメントに最終的に記載すべき内容は以下のとおりです。

1. **監視対象システムの概要**
   - いつ誰が利用するシステムか
   - ユーザにどのような価値を提供するためのシステムか
   - ユーザとしての利用方法（URL など）
2. **監視テクノロジを導入する目的**
   - インシデント対応方針
   - （決まっていれば）SLA/SLO/SLI
3. **ステークホルダ**
   - 氏名
   - 所属
   - 連絡先と連絡方法
   - 担当内容と担当範囲
4. **システム構成図**
   - 物理観点の構成
     - 電源やラックの配置、ネットワークの物理接続などを記載する
       - オンプレミス環境では重要
       - ポートレベルではなく系統レベルでもよい
     - クラウドインフラの場合もリージョン・ゾーン配置などを記載する
   - ネットワーク観点の構成
     - IP アドレスやサブネットなど

- アプリケーション観点の構成
  - Apache や MySQL などミドルウェアレベルでのデータのやりとりを可視化する
  - 外部システムとのやりとりも記載する
    - 図に書ききれない場合は別表にするなど工夫する

5. システム利用者から見たシステムの正しい状態や振る舞い

- システム利用者から見た正しい状態や振る舞いを確認し、確認ポイントと再現方法を記載
  - デザインなど流動的な項目を確認ポイントにしない
  - Web システムの場合は参考として確認当時のスクリーンショットを貼ると良いが、スクリーンショットを都度更新することは手間の割にメリットがないのでやってはならない
- 例：https://example.com/ にブラウザでアクセス→ HTML ソースが最後の </html> まで読み込まれ、画面を最下部までスクロールしても表示にデザイン崩れと思われる箇所が見当たらない

6. 監視項目ごとの状況確認手順

- 監視項目ごとにリアルタイムなデータの確認方法や、同時に確認すべき項目・データを記載
  - 例：HTTP 接続不可であれば、手動での接続方法、システム負荷の確認方法、ネットワーク接続状況の確認方法、ログの確認方法などを記載する
- オンコールレベルのアラートが発報する可能性がある監視項目全てを記載
  - 記載できない監視項目はオンコールレベルのアラートを発報してはならない
- 監視システムの動作を再現するのではなく、同じ事象を別の観点で確認するという視点が重要
  - 収集したメトリクスを確認することもあるが、よりリアルタイムで解像度が高い状況を確認するために、サーバにログインして状況を確認することもある
  - Linux サーバであれば、w 、top 、dstat 、iostat 、ss 、netstat 、du、df 、ps などのコマンドを利用して状況を確認する
- 同サーバ他メトリクスや同役割他サーバ同項目メトリクスを参照すべき場合はその旨を記載

7. **状況確認手順の結果をもとにした対応決定の判断基準**
- 状況確認手順の実施結果をもとにして対応内容を決定するわけで、その判断基準を記載
  - 例：必要なプロセスが起動していない→該当プロセスの起動手順を実施する
  - 例：開発者用のOSユーザがログインし作業中→該当開発者にオンコールし意図した作業中か確認する

8. **作業実施手順**
- 曖昧さのない具体的な作業手順
  - 曖昧さが小さいほうが望ましく、極力手作業を排するべき
- 作業手順だけでなく、作業環境へのログイン方法も記載
- 操作だけでなく、前後で実施すべき連絡なども記載

ドキュメントのよい状態を継続的に実現するために、よい状態を継続しやすい内容・実装である必要があります。ドキュメントは詳細であれば詳細であるほどよいということはありません。例えば最近はサーバ名・サーバ数・サーバスペックなどインフラや実装が動的に変化するのが普通なので、それらの具体的な名称をドキュメントに羅列するのは悪手です。

動的な構成や設定を前提とした環境においても構成や設定を変更するたびにドキュメントを更新することを考えてしまいがちですが、手動操作が介在することで信頼性が担保できなくなります。結局「実態を確認しよう」となるので、それならばドキュメントには記載せず実態を確認する方法だけ記載すべきです。具体的にはクラウドサービスのURLと利用アカウント名を記載するなどの方法があります。どうしてもドキュメントに記載したい場合は自動更新の仕組みを作ります。

読みやすさを重視すると、読む流れに応じて同じ情報を複数箇所に記載したくなることがあります。しかしその結果同じ内容を複数箇所に書くと多重管理になり、早晩ドキュメントのよい状態を壊すため、複数箇所に同じ内容を記載したい場合は1箇所だけ編集すれば全ての箇所が変更されるような仕組みを作り、使う必要があります。このあたりはよいプログラムの書き方に通じるものがあります。

また、ドキュメントはインシデント発生時にも参照するものなので、監視対象システ

ムと共倒れにならないよう、トラブル影響範囲外に配置する必要があります。ドキュメントの最新版マスタが監視対象システムの内部のみにあってはなりません。

なお、監視テクノロジの利用マニュアルが欲しいという声が挙がることがありますが、SaaSやOSSの監視テクノロジを利用している場合は公式ドキュメントなどを利用して利用者自身に勉強してもらいましょう。グラフやデータの読み方も同様です。Webエンジニアが知っておきたいインフラの基本などの書籍を紹介し、勉強してもらいましょう。

- Webエンジニアが知っておきたいインフラの基本
  https://book.mynavi.jp/ec/products/detail/id=33857

良質な代替手段があるのに利用せず似たものを作るのは典型的な「萎える」仕事であり、汎用的な内容の利用マニュアルを現場ごと / システムごとに作成するのは悪手です。「萎える」仕事は全体の質を落としシステム利用者の不利益を招きます。ドキュメントには対象システム固有の情報を記載しましょう。ただし対象システム固有の情報や特徴はドキュメントに記載すべきです。典型的には以下のようなものがあります。

- 組織特有のログイン方法
- バッチ処理スケジュールに由来した特定時間帯の高負荷
- 対外接続先のメンテナンススケジュールに由来した機能制限

4.2.6 検知・発報テストする

実装が終わったらテストをします。

全監視項目を実施する必要はありませんが、ドメインに対する外形監視などSLIに直接的に影響のある異常を検知するものはテストするとよいです。

（特に運用中のシステムだと）実際に異常を起こし検知・発報させることが現実的に難しいため、正常性判定の閾値を変えて発報させるのが定番です。アラートを受け取った担当者がびっくりしないよう、検知・発報テストはあらかじめ関係者に周知してから実施しましょう。

4.2.7 運用を開始する

運用を開始するにあたり、まず一番大事なのは、関係者全員に自分ごとだと認識してもらうことです。

監視対象のサービス・システムの利用者に継続的に価値を提供し続けることは、そのサービスに関わる全員の使命です。企画も開発もインフラも運用もサポートも、全ての関係者はそのために存在しています。……ということを明文化しておきましょう。トラブル対応時に責任範囲や専門分野・担当領域がどうこうといっても解決は近づきません。自分の責任範囲・専門分野・担当領域を修めたうえで、サービス全体を俯瞰しシステム利用者のために働きましょう。

このようにセクショナリズムを排しユーザのために共同で運営にあたることは、監視テクノロジ導入後に健全な運用を継続するために欠かせない事項です。市場競争のなかで価値を提供し続けるためには、機能開発だけでなく運用面もアグレッシブに継続的な改善に取り組む必要があります。動いているものに手を入れたくない・一度確立したやりかたを変えたくないという志向の方もいますが、近年のサービス運用においては、全体の合意として「変化を是としてポジティブにアグレッシブに継続的に取り組む」ことが重要です。

最近の監視テクノロジは広義の監視**定期的・継続的に、観測しシステムの価値を維持・向上させる営みの全て**の実現を支援するための発展を遂げています。監視テクノロジは継続的な改善や価値提供の味方です。

このようなメンタリティについてはDevOpsなどの文脈で語られることが多いので、興味が出たらDevOpsをキーワードに深堀りしてみてください。

さあ、準備完了です。アグレッシブにやりましょう。

Note：DevOpsから始まったエンジニアとエンジニアリングの提供価値の再確認

前述のとおりDevOpsもSREもエンジニアが主体的に・今までの手法や領域にこだわらず・課題に対して適切なアプローチを行うものです。

DevOpsとSREの関係はclass SRE implements DevOpsと言われています。ここでいうclassはオブジェクト指向プログラミング言語のクラスを指しており、DevOpsの精神を具体化したもののひとつがSREであるという意味です。

なおDevOpsの類語にBizDevOpsやDevSecOpsがあります。いや！BizDevSecOpsだ！と言う人もいます。Bizはビジネスサイド（いわゆる業務部門、あるいは業務担当者）を指し、Secはセキュリティ部門（あるいはセキュリティ担当者）を指します。それぞれBizやSecもDevOpsの輪に入ろうという意味合いです。BizDevOpsやDevSecOpsはいまのところ誰かが明確に主導しているのではなく、それぞれの部門や役割・業界が自己主張して流れに便乗して新しい世界観を作ろうとしている印象があります。

BizもSecも、利害が対立……とまでは言わずとも、志向性や優先順位が対立・相反しがちな機能別部門・役割です。しかしシステムはユーザ（システム利用者）の役に立つために存在しているという前提を念頭に置き、それぞれの部門・役割はシステムが目指すユーザ提供価値のために存在するのだということを改めて認識し、建設的・包括的（Inclusive）に考え、ときにリスクをとり（マネージし）、行動し続ける必要があります。BizDevOpsやDevSecOpsはこのような対立の解消を改めて表明した標語です。

エンジニアに限らず、専門性や専門家が職業や業界として成立するためには、専門性を保持しているだけではなく専門家がその専門性を活かして社会に価値を提供し、その価値が明に暗に社会から認められる必要があります。……というと主語が大きくて自分から遠い話のように感じがちですが、個々の活動の積み重ねが社会の信用の基礎になります。エンジニアとしてさまざまな知識や技術を発揮し、エンジニアリングを実践し、まずは他者に対して具体的な価値を創出しましょう。

4.3 監視ツールどれにしよう問題

第2章で紹介したとおり、監視システムにはチェック、メトリクス、ログ、トレース、APM、通知、コミュニケーション、ドキュメント、チケットというジャンルがあります。

表 4.7：監視システムのジャンルと代表的なツール

ジャンル	概要
チェック	チェックのためのツール。Nagios、Prometheus、Datadog Synthetic など
メトリクス	メトリクスのためのツール。Graphite、Prometheus、Datadog など
ログ	ログ管理・集約のためのツール。Sentry、Fluentd、Elastic Stack など
トレース	処理のトレースのためのツール（マイクロサービスなど分散システムの場合に利用する）。Jaegerなど
APM	APMのためのツール。OpenTelemetry（OpenCensus）など
通知	発報されたアラートを必要な相手に届けるツール。Slackなどのチャット、メール、電話、SMSなど
コミュニケーション	アラートの対応を行う上でリアルタイム/セミリアルタイムコミュニケーションに利用するツー ル。Slackなどのチャット、メーリングリスト、電話など
ドキュメント	仕様[3]や、手順[4]、イベント[5]などのドキュメントを集約・保管・参照するツール。GitHub/GitLabなど開発管理システムのWiki機能など
チケット	アラートの対応状況や履歴を管理するツール。メーリングリストやRedmine、GitHub/GitLab など開発管理システムのIssue機能など

3. システムの目的・要件・概要・設計・構成
4. アラート確認手順・対応手順・作業手順
5. リリースやメンテナンスなどのシステムイベント、キャンペーンなどの内発的サービスイベント、年末年始などの外発的イベント

前述のとおり、監視テクノロジを導入していくにあたり核になるのはチェックとメトリクスのツールです。ツール選定にあたっては、まずチェックとメトリクスを軸に検討するとよいです。

現代はWebサービスも監視テクノロジもたいへんに複雑で、特に運用フェーズでは高い専門性が必要です。 素人がイチから試行錯誤・創意工夫してすぐに満足に戦えるほど若い市場ではなくなりました。そのため、まずは既存のプラクティスに乗ることを意識しましょう。巨人の肩に乗る、知の高速道路を走る、などと言いますね。特に監視テクノロジ特有のチェック・メトリクス・ログ・トレース・APM・通知は専門性が高く、馴染みが薄い方には選定難易度が高いです。

というわけで、簡単確実な選択肢が3つあります。

1. MSPなどの専門家に任せる
2. 専門のSaaSを利用する
3. クラウドのマネージドサービスを利用する

1 < 2 < 3の順でご自身の責任範囲が広く、自身に必要な学習量が多くなります。

なお、どの選択肢を選んでも監視テクノロジの適用・運用が他人任せにできるわけではありません。広義の監視**定期的・継続的に、観測しシステムの価値を維持・向上させる営みの全て**を思い出してください。

専門家やサービスの力を借りつつ、あなたの・わたしたちのシステムを活躍させてあげましょう。

Note：MSP事業者の探し方

MSP事業者に心当たりがない場合、日本MSP協会（https://mspj.jp/）加盟事業者や、各クラウドベンダのパートナーとして登録されている事業者を調べる方法があります。

筆者の知る限り、ひとくちにMSP事業者と言っても得意分野や守備範囲、スタンスがまちまちです。期待値と実態の摺り合せが大変難しいサービスなので、実際に利用しているユーザの声を聞いたり、小規模に試したりしながら相性のよい事業者を探すことをお勧めします。

Note：監視テクノロジに限らない、システム選定上の注意事項

システムを選定する上ではID管理に気を配ります。特に昨今はインターネット越しに利用するサービスが多いため、認証はID・パスワードだけでなく2要素認証を必須とし、SSO (Single Sign On) に対応していることが望ましいです。SSOは利用者の利便性だけでなくアカウント管理安全性にも寄与します。

- IDを利用者ひとりひとりに発行できる
- IDをグルーピングして権限管理できる
- SSOで認証できる
- 異動・離職・退職時に速やかに権限を更新・削除できる

大抵は監視テクノロジとは別に、G SuiteやActive Directory、LDAPなどのID管理システムがあると思いますので、それらと連動できる・APIで権限管理できるシステムが望ましいです。

Note：監視テクノロジに限らない、OSS/商用製品/SaaS選定上の留意事項

ソフトウェアやシステムが意図しない挙動や不審な挙動をした場合、その原因を解明するためには、実態たるソースコードや、ログが必要です。自分自身の手でソースコードやログを確認し事象の根拠を得ることができる点は、OSSを利用し自分で運用する大きな利点です。

ソースコード非開示の商用製品やSaaSを利用する場合、自分の意図と製品の意図・仕様のすり合わせにはドキュメントやサポートが手助けになりますが、バグは（当然ながら）ドキュメントに記載されていませんし、筆者の経験では問題点が曖昧な状態から個別事象を掘り下げてくれるサポートは稀です。

また、OSS/商用製品/SaaSの選択においてはデータのロックインに注意しましょう。ロックインというと機能のロックインがまず話題になりがちですが、情報システムにおいてはシステムや機能よりデータの寿命のほうが長いことが多々あるので、データのライフサイクルと可搬性にも注意を払うとよいです。

OSS/商用製品/SaaSの選定はスタンスと状況により最適解が変わる問題です。選定時にご留意いただき、状況などの前提条件が変わったら迷わず再選定しましょう。

4.3.1 チェック・メトリクスのツール選定

特にチェック・メトリクス・ログ・トレース・APM・通知は専門性が高く、また専門外の方には馴染みが薄いため選定難易度が高いです。ここでは選定を行う・選定結果を評価する上でのポイントを解説します。

まず初期段階においてカスタマイズありきで作り込むのはいいやり方ではありません。特に重要な機能 / 指標がある場合はそれらを基準にし、そうでなければ MSP などの専門家に任せるか、その分野で広く利用されているものを採用しましょう。

執筆時点の 2019 年夏の段階では、MSP 事業者に依頼しないのであれば、SaaS の Datadog か Mackerel、もしくは利用しているクラウド事業者のものを利用するのがよいでしょう。具体的な構成例は後の章にて紹介します。

一般に特に重要な機能 / 指標になる可能性が高いポイントは以下のものが挙げられます。

監視対象へのエージェントインストール可否

最近の監視テクノロジを利用する場合、ほとんどのサービスやシステムが観測用エージェントをインストールすることを前提としているため、どうしてもどうしても観測用エージェントをインストールしたくない場合はその点が制約となります。

とはいえ観測用エージェントは現代の監視テクノロジでは不可避と言って良いので「インストールする必要がある」ことを前提とする勢いで対応します。もはや「そういうもの」です。エージェントが悪さをしないか、挙動が不安なのであれば、エージェントを OSS として開発しているサービスやプロダクトを採用し、ご自身で確認されるのがよいでしょう。

- Datadog/datadog-agent: Datadog Agent
  https://github.com/DataDog/datadog-agent
- mackerelio/mackerel-agent: mackerel-agent is an agent program to post your hosts' metrics to mackerel.io.
  https://github.com/mackerelio/mackerel-agent
- heartbeatsjp/happo-agent: Yet another Nagios nrpe
  https://github.com/heartbeatsjp/happo-agent

監視対象からのデータ収集方式

セキュリティポリシーにより、接続元 IP アドレスを特定できない外部からの接続が許可されない状況を見かけることがあります。

SaaS を利用する場合など接続元 IP アドレスを事前に特定することができない場合において、外部からエージェントへの接続を受け付けられない場合、エージェント - 監視システム間のデータ収集方式は監視システムからエージェントに接続する Pull 型ではなく、エージェントから監視システムに接続する Push 型である必要があります。

MSP 事業者が提供する監視システムであれば Pull 型であっても接続元 IP アドレスを事前に特定できる場合があります。また Pull 型の場合に全監視対象サーバに監視システムから直接アクセスする必要がないものもあります。監視システムと監視対象サーバの間に接続を仲介するプロキシサーバ / プログラムを配置することで、監視システムから対象サーバへ直接接続せず観測・データ収集接続を実現します。この構成のときのプロキシサーバは俗に踏み台（bastion）と呼ばれます。

踏み台構成をとることで外部からの接続経路を絞ることができるため、接続経路の管理手間を減らすことができます。全ての Pull 型監視システムが踏み台構成に対応しているわけではないので、選定時に確認しておきましょう。

チェック機能のアラーティング設定

まずは何をもとにアラーティングできるかがポイントです。チェックはアラーティングのために行うものなのでチェック結果をもとにアラーティングできるのは普通ですが、メトリクスをもとにアラーティングできるものも数多くあります。

メトリクスをもとにしたアラーティングは利用・読解が少し難しいので上級者向けですが、必要であればその機能を備えたものを選定しましょう。

最近は前述のとおりメトリクスからのアラーティングを主軸にした監視システムもあり、メトリクスをもとにしたアラーティングの発展形として複合メトリクスによるアラーティングも可能です。こちらも上級者向けですが、必要であればその機能を備えたものを選定しましょう。

最近は機械学習などを用いてコンピュータが異常を検知するサービスもありますが、前述のとおり SLI に直接関わる項目以外は false negative を避けることよりも false positive を減らすことが優先なので期待しすぎないようにしましょう。

運用していく上では以下のような機能や操作が可能なものを選択するとよいです。

表 4.6：チェックツールの便利な操作・機能

操作・機能	利用例
通知や監視の一時停止	メンテナンス開始/終了時の通知停止/再開
閾値などアラーティング設定のパターンマッチや一括操作	Webサーバ共通の設定をホスト名 web[0-9]+ で指定し一括操作
あらかじめスケジュールを指定した通知や監視（通称チェックスケジュール）	所定のバッチ処理が起動したことを確認
あらかじめスケジュールを指定した通知や監視の一時停止（通称ダウンタイムスケジュール）	バッチ処理実行中の時間帯はCPU利用率を監視しない
サービスディスカバリと連携した監視対象の自動追加・削除	Webサーバ共通の設定をホスト名 web[0-9]+ で指定しておくとサーバ追加後の操作が不要

Example：シンプルな機能を組み合わせる

シンプルな機能を適切に組み合わせると、柔軟に複雑な機構を実現できます。例えばチェックスケジュールとダウンタイムスケジュールを組み合わせると、時間帯による閾値変更が実現できます。

ただしやりすぎると全容が見えづらくなり設定の読解が難しくなってしまうため、適切なドキュメントと組み合わせて利用する必要があります。

> **Note**：値がないのは正常？異常？
>
> Push型メトリクス志向監視ツールを使ってクラウドインフラやコンテナオーケストレーションツールを利用するシステムを監視する時、あるタイミングで観測値が存在しないということが異常を示すものなのか、それとも動的なシステム構成変更によるものなのか、一見区別がつきません。
>
> 監視ツールがサービスディスカバリ機構と連動することで、観測値が取得できるべきなのか、取得できなくてよいのか判別できるようになります。このように監視ツールを選定する際には、そのプロダクトが前提としている機構が利用可能で健全に機能することを確認する必要があります。

通知連携

異常を検知して通知するわけで、通知1通1通が重い意味を持っています。確実に届けて適切な対応を促すために、受け手が望ましい形で通知を受け取ることができるようアレンジできることが望ましいです。受け手が望む通知手段をサポートしているか（またはそのように拡張可能か）は重要な選定基準です。前述のとおり、PagerDutyなどの通知ルータ、もしくはMSP事業者を介することで、この点は大幅に融通が効くようになります。

メール、チャット、チケット起票など電子的手段で通知を受け取る場合、必要な情報が添付されていると対応が大変捗ります。異常検知した日時・対象だけでなく、検知した理由や検知時のレスポンス内容、その時の対象サーバのリソースグラフ一式のURLや画像が添付されていると大変便利です。

別の観点で、インシデント発生時に原因箇所を迅速に特定するために1つの事象に対して発報するアラートはできるだけ少なく的確なのが望ましいです（詳細は後述します）。それを実現するための機能がflapping detection（ばたつき検知）とparents（親子関係）です。

異常/正常の状態遷移を短時間に繰り返すことをflappingと呼びます。ある監視項目がflapping状態の場合、観測値が閾値をまたいでウロウロしており、そのウロウロが続いているうちはウロウロを最初に認識した時からの状況変化はありません。もう状況は認識しているので毎度毎度通知されても新たな発見はなく負担になるだけなので正直困ります。flapping detection機能を持つ監視システムの場合、flapping状態の監視項目は通知のしかたを変え、flapping中は再度通知しないように設定できます。

監視システムによっては、Nagiosのように監視項目の親子関係を設定することで、親がNGの場合は子がNGでも発報しないという制御を行うことができるものがあります。例えばネットワーク構成をもとにルータを親・各サーバを子と設定すると、ルータがダウンした場合にはルータだけが発報し各サーバは発報しません。こうすると1つの事象によって発報するアラートが減らせ、異常発生箇所が迅速に特定できるので、その後の対応が大変スムーズです。

監視システムの可用性・信頼性・キャパシティ

監視システムの可用性問題について考えます。

狭義の監視**定期的・継続的に、観測し異常を検知し復旧させること**を念頭に置くと、監視システムは監視対象システムの異常をタイムリーに検知できる必要があります。異常発生時に、監視システムがダウン/遅延により監視できていないというのはお話になりません。

そのため、1つの障害の影響範囲に監視システムと監視対象システムの両方が含まれていることは好ましくありません。監視対象のシステムと監視システムは完全別系統である必要があります。

また、異常発生時に監視システムがダウン/遅延により監視できていないというのもお話にならないので、監視システムを冗長化するか、監視システムを監視するなどの対策をとる必要があります。

とはいえ特定のシステムのためだけの監視システムにそこまでするのはやりすぎです。この観点でも、MSPなどの専門家に任せるか専門のSaaSを利用するのが賢いやり方です。例えば、筆者が所属するハートビーツのMSP事業では監視システムを完全冗長化しています。

監視全体の可用性について考えるときは、チェック・メトリクスなどの監視ツールだけでなく、通知経路(メール、チャット、インターネット回線、作業用踏み台サーバなど)や、対応に使うツールや経路(アプリケーションや基盤のシステムの管理ツール、VPN

など)、対応に必要な情報(ログイン情報やクレデンシャル、ドキュメントなど)、の一式を意識する必要があります。これら全てを監視対象システムとは別の系統で利用できるようにしておく必要があります。

可用性に対する影響が甚大な障害が起きた場合、現代はSNSなどさまざまな経路で知ることができます。そのときに適切な対応ができるよう、情報やツールを取り揃えておく必要があります。特にSaaSを利用する場合は、どこの基盤をどのように利用しているか意識し選定しましょう。なおSaaSの利用基盤については、情報が公開されていることと稼働基盤が保証されていることは必ずしもイコールではないので、都度確認し適切なサービスを選定しましょう。

キャパシティについてもよく確認しましょう。キャパシティには1ホストあたりのメトリクス数や1システムあたりのメトリクス数、アラーティング設定数、通知先の設定可能数などがあります。SaaSはSaaS側で想定されたキャパシティの中でうまく使うもので、その想定はドキュメントに記載されています。しかし稀に隠れた(ドキュメント記載や告知のない、あるいはSaaS側もまだ認識していない)キャパシティ制限がある場合があるので、不審な挙動を確認した場合は都度サポートに確認しましょう。

監視システムを自前で持つ場合は、データ量や監視対象ノード数によって、監視システムへの同時接続数、監視システムへの時間あたりの書き込みデータ量、監視システムが保有する必要があるデータ量が大きく変化します。特にデータ量はノード当たりの監視項目数 x ノード数 x データ取得頻度(解像度) x データ保持期間と変動要因が多く、事前の正確な予測は困難です。予測が困難なものの精度を上げようとしても困難な割に精度が上がらないので非生産的です。クラウドインフラの時代なので基本的にスケールアップで対応します。

Note：監視システムの監視は必要？

監視テクノロジを選定・導入する際に定番のお悩みは**監視システムの監視**です。監視システムの監視は必要でしょうか？

必要になる選定をしないというのが筆者の意見です。監視テクノロジそのものを専門に扱う事業者でない限り、本書を読み監視テクノロジに入門するレベルの方が携わるシステムにおいて、監視システムの冗長化や監視が必要なレベルの仕込みは過剰だと思います。

その他のチェック関連基本機能・特性

まずはチェック実行間隔を確認します。チェック実行間隔は即ちチェックの頻度です。外形監視の場合、最近は1分間隔が定番ですが5分や10分のものもあります。このN分間隔の始点はたいてい毎分の0秒ちょうどではなく、監視プログラム側の都合で任意のタイミングで開始になります。また規定は1分間隔であるものの実態は遅延しがちみたいなケースもあるのでご注意ください。

監視を行うという観点で重要なのは、きっちり1分おきという厳密さではなく、1分以上の間隔を開けずに次のチェックが実行されることです。監視テクノロジをうまく使いましょう。もしきっちり1分おき、実行タイミングは毎分N秒、という制約が必要不可欠な場合、それはタイミングを厳密に管理されたバッチ処理として扱うのが適切です。

Nagiosのように、チェック実行においてリトライ機構を持つ監視システムもあります。復旧対応を行うためのトリガーとして異常検知・通知を行う前提に立つと、通知を受けて復旧対応に動いた段階ですでに復旧しているのであればもうやることがないので通知不要です。このようにチェック結果が不安定な場合においてリトライ機構があるとfalse positiveを抑止することができます。選定時にリトライ機構の有無や挙動を把握しておきましょう。

また、チェックの手法や内容が必要なだけカスタマイズできるかを確認しましょう。この点が不十分だと、HTTP応答のレスポンス内容のチェックが必要なのにステータスコードしかチェックできない、HTTP応答チェックが必要な認証機構に対応していない、HTTPS応答チェックが必要な暗号化方式に対応していない、などのトラブルが想定されます。Mackerelのように監視プラグインがOSSで開発されている場合、自分も開発に参加して必要な機能を追加することができます。

- mackerelio/go-check-plugins: Check Plugins for monitoring written in golang https://github.com/mackerelio/go-check-plugins

監視項目・監視対象をインベントリ情報と連動できるかもポイントになります。インベントリ情報からチェック項目や閾値を適切に生成できると、手間が大幅に省けるとともに正確性が格段に向上します。 AWS、Microsoft Azure、GCPなどのクラウド基盤や、KubernetesやConsulなどのオーケストレーションを担うミドルウェアと連携できると強力です。

その他のメトリクス関連基本機能・特性

メトリクス関連はまずメトリクス収集頻度（データの解像度）とメトリクス収集タイミングを確認します。1分おき・毎分0秒に取得が定番ですが、全部のエージェントが毎分0秒に同じ処理を実行すると、その瞬間だけシステム全体の負荷が急上昇し、意図せず強烈な観測者効果を発生させてしまう場合があるため、敢えて0秒としていないエージェントもあります。これはデータを読むときに重要なので意識しておきましょう。

システムによって必要なデータの保持期間は大きく異なります。年1回のセールが重要なECサイトであれば、前回の負荷状況を詳細に振り返るニーズがありますので、詳細なデータを1年以上保持できるシステムが望ましいです。多くの監視ツールでは1分以内の高解像度のデータは数週間のみ保持し、それ以降は5分ごとや1時間ごとに集計し、解像度を落とした集計後の値のみ保持することで容量を抑えます。

エージェントが1分ごとに観測処理を行ったとして、観測したデータが監視システムに渡るのが1分ごととは限らないので注意してください。エージェントからPush型で監視システムにデータを送る場合は比較的リードタイムが短くなりますが、監視システムからエージェントにアクセスするPull型の場合はクロール処理の間隔次第です。こちらもデータを読むときに重要で、監視システム上に最新のメトリクスデータが存在しないときに、それがトラブルなのか、通常処理範囲内なのか判断する材料になります。たいていのエージェントは監視システムとの通信途絶に備えてエージェント側でデータを一時的に保持し、Push型でもPull型でもデータがロストしにくいよう工夫されています。一時的に保持していたデータは通信回復後に監視システムに取り込まれるよう作ることが多いです。

システムを運用していると、既存の観測プログラムでは観測できないメトリクスを収集したくなることがよくあります。独自のメトリクスを容易に追加可能か確認しておきましょう。カスタムメトリクスなどの名称で実装されていることが多いように思います。エージェントに所定のフォーマットで HTTP リクエストを送信することでメトリクスを渡したり、観測プログラムを作成しエージェントで実行するよう設定したりすることでメトリクスを追加できるようになっていることが多いです。

Mackerel のようにメトリクス取得プログラムが OSS で開発されている場合、自分も開発に参加して必要な機能を追加することができます。

- mackerelio/mackerel-agent-plugins: Plugins for mackerel-agent
  https://github.com/mackerelio/mackerel-agent-plugins

メトリクスを可視化する機能は、同タイミングでの同サーバ他メトリクスとの比較、同タイミングでの他サーバ同メトリクスとの比較、同サーバ同メトリクスの過去との比較がスムーズにできると好ましいです。1 つのグラフに重ねて表示するとわかりやすいですが、ブラウザベースであればタブで複数開いて連続的に切り替えてみていく方法も効果的です。

サーバ、メトリクス、タイミング（横軸のタイムレンジ）を URL で指定してグラフを表示できる仕組みがあると、permalink でグラフが指定でき障害対応などでたいへん助かります。またダッシュボード作成・共有機能があると、他職種を巻き込んだチームでの運用がたいへん捗ります。

4.3.2 通知のツール選定

監視ツールが通知先として実装しているのはメール / チャット / チケット起票 / Webhook が定番です。基本的にはメール /Webhook で、チャットやチケット起票は Webhook の応用です。これは実装のしやすさと利用者シェアのバランスが主な理由だと思います。

電話やSMSはインターネットから公衆電話網に接続する必要があるため、MSP事業者を介するか、TwilioやPagerDutyなどのSaaSを併用して実現します。

受ける側としては、強い通知[1]には電話が有効で、チャットが次点です。メールやSMSは受け手によりますが、現代はメールが溢れがちなので見落とされやすく、また通知メールはスパム判定されがちな要素を多く含むためスパム判定されずにステークホルダにきちんと届ける難易度が高く到達可能性の担保が難しいので、もうあまり有効ではない印象です。ここで言う**有効**は、即時性が高く、対象者を捕まえて内容を伝えアクションを取らせる強制力が高いという意味です。

強い通知はとにかく受け手へのインパクトが強いので、強さが個人に降り注ぎ過ぎないよう工夫が必要です。全体的な頻度を下げることはもちろん、特定個人に偏らない仕組みが必要です。強い通知を俗にオンコール（架電＝電話をかける）と呼び、特定個人に偏らないようにする仕組みを俗にオンコールローテーションと呼びます。オンコールという言葉はもともと電話呼び出しという意味ですが、最近は呼び出し待機当番という意味で利用することが多いです。

オンコール運用では呼び出しても担当者から反応がないケースが問題になりがちです。しかしオンコールを受ける担当者はサボっているわけではなく通知に反応できる状況なら反応しているわけで、反応がないというのは担当者が反応できない状況下にあるということです。そのため無限に通知を試みることはあまり意味がありません。通知先リストを3順しだれもキャッチしなければギブアップすることが多いです。

1　電話・チャットなどを用いて、通知先を迅速・確実に拘束する通知

Example：オンコールローテーションの例

1週間ごと/2週間ごとなど、一定期間ごとに交代

その間は行動が制約されプレッシャーが高いので、長くなりすぎない、かつ頻繁になりすぎないのがポイントです。

メイン担当とサブ担当を決め、メイン担当1週間→サブ担当1週間→担当なしN週間のように回す方法があります。

○

	○月△週目	○月□週目	○月○週目
メイン担当	Aさん	Cさん	Bさん
サブ担当	Bさん	Aさん	Cさん
担当なし	Cさん	Bさん	Aさん

曜日ごと

月曜日はAさん、火曜日はBさん、のように曜日で分担します。オンオフ切り替えが激しくなり、オフの日にあまり休まらないのでおすすめしません。

△

	月	火	水	木	金	土	日
担当者	A	B	C	A	B	C	A

Note：オンコール出てくれない問題

反応可能な状況なのに気が進まないのか特定の人が出てくれない、ということが稀にあります。その場合、これはあまり褒められた手法 / 状況ではないですが、架電リスト 3 周でつながらなかった場合は上職者にかけるなどの工夫 (?) で到達率が上がることがあります。

経験上、寝ているところを電話で起こすためにオンコールをすると「出る人は出るし、出ない人は出ない」です。電話で起きられる人 / 状況であれば 1 架電 10 コールも鳴らせば起きて対応してくれますし、電話で起きられない人 / 状況であれば何回架けても鳴らしても起きられません。

オンコールは架電先のご家庭の皆様への影響もあるので、あまりしつこく架電しないほうがよいです。ご家族の方が代理で出ていただいて、ご当人を起こしていただいたことがありますが、システム運用体制としてあまりよい状況ではないと考えます。

弱い通知[2]はチケットに起票する程度が適切です。

いずれの通知の場合も、通知それぞれに ID（重複のないユニークな記号）が付与されるシステムが望ましいです。メールであればメーリングリストで連番を付与します。通知が一意に識別できるようになることで、コミュニケーション上の取り違えや齟齬を簡単確実に回避できます。アラートは同種のものが繰り返し発報したり、同時多発したりすることがよくあるため、個別の ID の重要性がとても高いのです。

2. チケット起票などを行い、通知先が任意のタイミングで内容を知ることができる通知

Example：メーリングリストがメール件名にIDを付与する例

元の件名

```
** PROBLEM - https://example.com/ is CRITICAL **
```

メーリングリストからのメールの件名

```
[alert 04419] ** PROBLEM - https://example.com/ is CRITICAL **
```

強い通知・弱い通知いずれに於いても、関係ない人・対応できない人への通知はその人にとってfalse positiveであり避けなければなりません。適切な相手に通知できる仕組み・システムを利用するか、通知を受ける側がどの内容を受けてもある程度対応できる状況か、いずれかを実現する必要があります。

また強い通知・弱い通知いずれに於いても、通知をいい感じにグルーピング（意味や属性ごとに集約）したりサプレッション（連続したアラートの時系列集約）したりするのは重要です。同じ内容の通知を何度も受け取るのは意味がないですが、対応が必要な状況が見過ごされるのは困ります。

4.3.3 コミュニケーションのツール選定

フロー型の情報を扱うためのコミュニケーションツールが必要です。伝統的に電話とメーリングリスト（ML）を利用することが多かったのですが、チャットを併用したり、チャットをメインにしたりする機会が増えてきました。執筆時点ではチャットはSlackが定番です。

メーリングリストの場合、通知をメーリングリストに送信し、その通知のメールを親としてスレッドを構成しやりとりを繋げます。チャットの場合はその組織のポリシーに則り、1インシデント1ルームとする場合もあれば、1インシデント1スレッドとする場合もあります。

コミュニケーションにおいて、どのインシデントについて話しているのかは常に明確になっている必要があります。メーリングリストを利用し通知メールをスレッドの起点にする場合は特に混乱する要因はありません。チャットの場合はルーム名に通知のIDを付与したり、スレッドの起点になる発言に通知の ID を記載したり、インシデントとコミュニケーションを明確に紐付けます。

コミュニケーションのツールを選定する上でのポイントは以下のとおりです。

表 4.7：コミュニケーションのツール選定でのポイント

重要度	内容	メーリングリストでの実装例	チャットでの実装例
高	メッセージごとの日時表示	メール送信日時	チャットサーバで記録された発言日時
高	メッセージのIDまたはpermalink	メーリングリストの番号	発言を直接指すURL
高	監視テクノロジからの通知受け取り	監視システムからメーリングリストへメールを投稿	Webhookなどを利用した投稿
高	通知に含まれる画像やURLの展開	メール閲覧ソフトの機能で一部対応可能	画像添付や Webhookでの添付つき投稿、発言内のURLを検出しプレビューする
高	メッセージ検索	メール閲覧ソフトの検索機能	発言検索機能
高	メンション	なし	メンション機能
中	組み込み絵文字/スタンプ	なし(強いて言うなら(・∀・)などのテキスト絵文字)	リアクションやスタンプ
中	リアクション(発言に絵文字でリアクション)	なし	リアクション
中	情報のストック化(チケットあるいはドキュメントに情報を転記)	アーカイブ機能	なし[6]

6. 筆者が所属するハートビーツでは Slack のスレッドでのやりとりを Redmine のチケットにコメントとして記載する bot を作り運用しています。差分反映機能などもあり大変便利です

4.3.4 ドキュメントのツール選定

ドキュメントの整備・維持は継続的運用の肝なので、ドキュメントツールに対する要求は非常に多く、未だ決定版がありません。

定番は各種 Wiki ですが、ドキュメントをソースコードとして GitHub/GitLab のようなソースコードリポジトリで管理し、プログラム開発と同じくプルリクエスト / マージリクエストベースのワークフローを組むこともあります。そのシステムや組織において適切な手法を見極め、随時変更しましょう。

ドキュメントのツールを選定する上でのポイントは以下のとおりです。

表 4.8：ドキュメントのツール選定でのポイント

重要度	内容	備考
高	各ドキュメントにpermalinkが発行される	タイトルとpermalink URLが連動している場合、タイトルを変更したら自動でリダイレクトされることが望ましい
高	インシデント発生時に参照可能な可用性	インシデント対応時に参照するため
高	版管理できる	最新版が明確であり、バージョンを遡って履歴を追跡できるとよい
高	差分確認が容易で差分が明確にわかる	ブラウザで差分が確認でき、差分にもpermalink URLが付与されると運用が楽
中	更新ごとに理由をコメントとして記載できる	いつ・だれが・なぜ変更したかわかると後から改善しやすい
高	自動更新に対応できる(APIやSDK提供)	プロダクト設定を整形して記載したり、サービスディスカバリ機構からフィードバックして一覧表を更新したりしたいケースがよくある
高	操作の快適性(わかりやすさ、応答の速さなど)	ドキュメントツールは頻繁に使うものなので重要
高	検索	見つけられない情報は存在しないのと同じなので重要
高	コードの埋め込みとハイライト	オペレーションミスを防ぐためにも可読性は重要。ドキュメントをコピー&ペーストでコマンド実行することは大変よくある
高	スクリーンショットの埋め込みとプレビュー	想定する実行結果など画像を埋め込みたくなることがよくある

表 4.8 の続き

重要度	内容	備考
高	添付ファイル保存	画像以外にも、作業に必要なツールのアーカイブなどを保存することがある
中	自動改訂履歴更新	改訂履歴やCHANGELOGの更新は簡単で手間がかかるので半自動/全自動で処理できるとよい
中	WYSIWYG編集[7]	熱望されることがある。その人が更新の主体者であり高頻度に編集する場合は検討すべき

筆者が所属するハートビーツではMarkdown形式で記載したドキュメントをGitLabで管理し、マージリクエストベースで更新し、マージ後は自動でPDF化してGoogle Driveに保存するkinjiroというシステムを組んでいます。

この仕組みの場合、permalinkはGoogle DriveのURLで対応し、Google Driveのオフライン同期機能で必要なドキュメントをあらかじめ手元に持っておくことができます。版管理はGoogle Drive側でも行っていますが、基本的にはソースコードの段階でGitLabにて行います。Markdown形式なのでテキスト形式であり、差分の確認は容易です。変更理由はマージリクエストに記載できます。

- Markdownを独自拡張してWordドキュメントを卒業する - インフラエンジニアway - Powered by HEARTBEATS
  https://heartbeats.jp/hbblog/2018/04/markdownword.html

4.3.5 チケットのツール選定

タスク管理や弱い通知の受け皿としてチケットツールを利用します。 一般的にBTS（Bug Tracking System）やITS（Issue Tracking System）と呼ばれるプロダクトが適切で、Redmineのチケット機能、BacklogのIssue機能、GitHubのIssue機能、GitLabのIssue機能が有名です。同じプロジェクトの開発チームなどですでに利用し

7. WYSIWYGはWhat You See Is What You Getの略。Microsoft Wordのような、閲覧時と同じ見栄えでコンテンツを編集できる機能のこと

ているものがあれば、同じものを利用し別プロジェクトを立てるのがスムーズです。

作業を計画するためのものではなく、扱うタスクが計画的に発生し対処できる類のタスクではないので、ガントチャートなど計画系の機能は不要です。対応が完了したかどうかを管理できること、担当者アサインや期日設定ができることが重要です。

チケットのツールでもチケットごとの ID や URL は必須です。また過去の対応や類似事例を振り返ることがよくあるので、検索機能が強力だと後から助かります。

4.3.6 監視ツールにまつわるお金の話

監視ツールは主要な選択肢として専門事業者が提供している SaaS、MSP 事業者が提供しているシステムや利用・提供している SaaS、クラウドサービスが提供している SaaS があります。SaaS は基本的に従量課金制で、安くはないが無駄がない料金体系です。この「安くはないが無駄がない」料金体系はほとんどのクラウドサービスに共通していて、現代のシステム・サービスは総じてこういうものです。

料金体系は監視対象ノード数や利用ユーザ数で計算するシンプルなものもあれば、取り扱いデータ量と API 呼び出し回数で計算するものもあります。取り扱いデータ量と API 呼び出し頻度は試算することもできますが、精緻な試算をするよりはシステムの一部に導入し試してみると手っ取り早いし確実です。

監視テクノロジを導入する場合、SaaS でも自前で用意する場合でも、アラーティングやメトリクスの設計･設定･継続的な把握や改善などの監視テクノロジ全般の運用（活用）と、監視システムからの通知を受けて対応する運用が必要になります。加えて監視システムを自前で用意する場合は、監視システムそのものの構築・運用も必要です。

前述のとおり監視テクノロジを運用（活用）するには高い専門性が必要で、監視テクノロジそのものを構築・運用するとなるとさらにニッチです。監視テクノロジは継続的に運用するものなので、継続的なバージョンアップやセキュリティ対応は必須です。となると本番環境の他にステージング環境も必要になりますし、自前でエンジニアを雇用するとなると、継続性を考慮し最低でも 2 ～ 3 人は必要になります。

システムが 24 時間稼働している以上、監視テクノロジからのアラートを受け対応するエンジニアは24時間対応が必要になる可能性があります。

24/365のシフトを2人体制で組むと、10人以上のエンジニアが必要になります。担当者の交代は当然発生するでしょうから、そのぶんの人数や教育期間の余裕を考えるとさらに多くの人員が必要です。

OSSを活用し自前で監視テクノロジ一式を導入すると一見安上がりですが後が大変です。監視テクノロジとして犠牲にすべきでない継続性や安全性を考慮し、自前ではなくSaaSやMSP事業者を活用するべきです。専門的知見の導入の側面を加味し、筆者はMSP事業者を活用することをお勧めします。

Chapter 5

監視テクノロジの実装

観測項目･監視項目として何をどのように実装するかはいろいろな考え方があります。本書ではまずアラーティング目的のセンで**特に重要な**観測項目を出し、その後に定番の観測項目を追加していくことにします。

定番の観測項目を追加していく中で、明確に対応が必要で対応手順が決定できるものだけをアラーティング対象に追加します。

監視テクノロジの運用はサービスの寿命と同じだけ続きます。継続的に改善し、観測項目やアラーティング項目、対応方法などを積極的に変更することが運用継続の命綱です。基本線として観測・記録は積極的に行い、アラーティングは厳選しましょう。特にアラーティング対象は増えがちなので、意識して積極的に減らしましょう。

5.1 アラーティングする / しないの基準

監視テクノロジを適用する場合、観測・記録のみ / 異常を検知してそのうち対応[1]異常を検知して即時対応というバリエーションがあります。このうち後者 2 つ異常を検知してそのうち対応 / 異常を検知して即時対応に該当するものがアラーティングすべきものです。

通知として強い通知と弱い通知があることを紹介しました。

詳細は後述しますが、異常の検知と通知は別モノで、対応が必要だから通知するということを覚えておいてください。

1. そのうちは、翌営業日以降に、と言い換えてもよいです

Note：監視テクノロジを活用する我々はシステムのお医者さんなのかもしれない

医療業界ではプライマリケア（Primary care）という考え方があります。プライマリケアとは地域や個人に寄り添うジェネラリストな医師（総合診療医）が行う一次対応のことです。

ここで言うジェネラリストは一般人対比では医療の専門家であり、医療全般に広く知見を持ち現実的な課題に対処できる能力を持ち発揮できる人材であるということを指します。医療業界の中で特定分野の高度専門家ではないと言う意味です。 またここで言う一次対応は、軽微あるいは典型的な日常のほとんどの健康トラブルについて回復・緩和などの対処を行うことを指します。

プライマリケアを担う医師は高度専門家（医師の中でも特定ジャンルの専門医）のアドバイスを受ける前の窓口としても機能していて、専門家が対応するまでもない場合はフィルタリングして医療システム全体の負荷調整をしたり、適切な専門家へルーティングして必要な対象に必要な専門性が提供されるよう手配したりします。

地域や個人に長期に寄り添うのも特徴のひとつで、対象を長く観察することで適切な対応が何かを迅速に判断できるようになっていきます。

わたしたちは監視テクノロジを通じてシステムの状態を長く観察し、ひとたび是正すべき自体が発見されたら迅速に対処し、自分たちではどうしようもない・高度専門家に対処を委ねるべき点は適切にルーティングして回復のために動きます。共通点が多いと思いませんか？

5.2 アラーティング目的の観測項目を決める

まずはアラーティング目的の観測項目を決めます。具体的には以下の観点で洗い出します。

- SLI 低下を確認するための観測項目
- インシデント発生時に原因箇所を迅速に特定するための観測項目
- ユーザ体験やサービスの機能要件に直接関わる観測項目
- リソース利用状況
- イベント・ログ
- セキュリティ・コンプライアンス
- 運用作業のトリガー

大事なことなので 2 回言いますが、アラーティング目的の観測項目決めは、対処が必要な項目 / 事象を漏れなく検知し通知するための取り組みです。

アラーティング目的の場合は、アラーティングの先の、通知や対応を具体化できることを前提に項目を決めます。洗い出しの段階では通知の強さを決定することにはこだわらず、通知や対応が具体化できるという前提を満たせるかを考えます。

具体的な対応手順は具体化できないけどとにかく重要で即レスポンスが必要という場合は、どこそこを確認する、だれそれに報告して対応を決定するなど、人や会議体ベースで具体化しておくとよいです。責任のボールをロストしないように & ボールは決裁権のあるひとが持つのが肝心です。

5.2.1 SLI 低下を確認するための観測項目

SLI を一定範囲内に保つために、SLI の低下を観測し検知します。

SLI となる監視項目は、ほとんどの場合観測対象に関連するコンポーネントが非常に多く複雑な観測項目なので復旧対応を具体的に規定することは難しいのですが、デプロイや関連システムのトラブルなど対象システムに関わる直近のできごとをエンジニアやディレクターなどが確認したり、内容を分析し影響範囲を特定したりした後に回復のための対処を行います。

観測手法は、典型的には Active 型の外形監視を行い応答内容・応答性能を観測します。SLI がリクエストベースの場合は加えてロードバランサや CDN のログをもとに、リクエスト数、エラーレスポンスの割合、応答時間を観測します。システムによってはログインユーザ数や直近 10 分間の売上金額などのワーキングメトリクスを観測・監視することも考えられます。

SLI は重要な指標なので対象項目を厳選し、false negative が出ないよう特に注意して運用する必要があります。

もし時間的な問題で監視テクノロジを段階的に導入する必要がある場合は、アラーティングする項目のうち SLI に関わるものだけではじめるのがよいです。そのくらい SLI に関わる観測項目は重要です。

Note：復旧対応をしない通知は false positive ？

観測→異常検知→通知→状況確認→復旧対応と流れるのが常ですが、状況確認で「いつもと同じ。よくない状態だけど現状で打つ手なし」となってしまうことは、（好ましくないですが）ままあります。この場合は false positive なので強い通知をしないようにする必要があります。具体的には閾値を緩める、異常検知や通知をやめる、などの対応をとります。

あとから振り返るために必要ということであれば通知は必要ありません。観測記録を振り返ることで十分に目的が果たせます。

> **Note：最も検知が速い監視、最も正確な監視**
>
> たくさん利用されているサービスの場合、異常に一番早く気づくのはシステム利用者です。そして現代においては気づいたユーザがすぐにSNSに投稿することがあります。そのためSNSの情報が異常検知手段として最速になるケースがままあります。
>
> 多くの利用者がいる場合、利用者側の機器性能、OS、ブラウザ、バージョン、回線状況など利用環境が千差万別で、SNSの情報はノイズが多くなりがちです。とはいえ利用者の生の声は、ログの全体的な傾向を見ているだけではわかりづらい、特定条件下での不具合を発見する手がかりになることもあります。

5.2.2 インシデント発生時に原因箇所を迅速に特定するための観測項目

構成図に基づき、コンポーネントの境界を監視することで障害発生時に問題箇所を迅速に特定できるようになります。

例えば以下の状況であれば、KVSサーバ（KVS1、KVS2）に異常が発生しているとひと目でわかります。

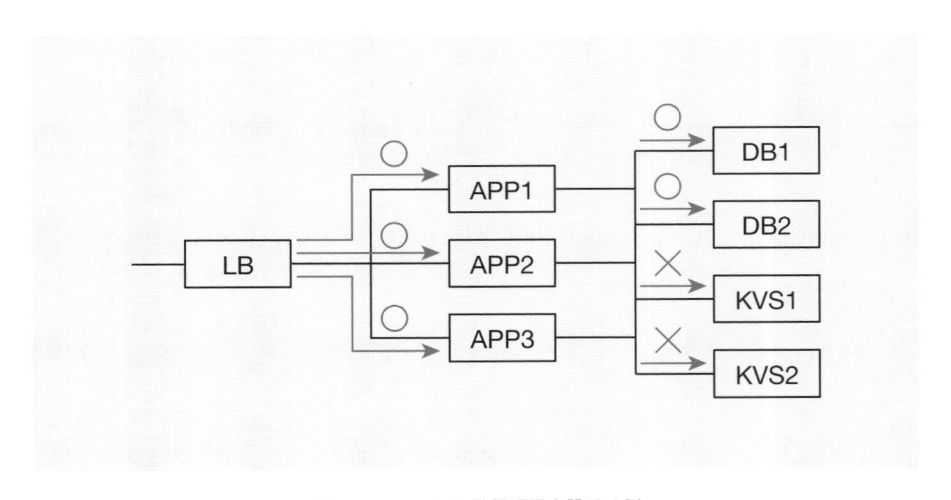

図5.1：atomicに監視項目を設ける例

大規模なシステムでは上記例のようにサーバごとに観測しアラーティングすると、大量のアラートが発報されてしまい迅速に特定する目的に逆行してしまうことがあります。そのシステムにおいて適切な粒度を見極める必要性を認識し、違うなと思ったら随時改善しましょう。基本的な手法はシステム内でのコンポーネントに対する外形監視です。上記例であれば、KVS サーバに対してシステム内のサーバから接続を試みます。ポイントはできるだけ高いレイヤでやることです。

例えば、KVS サーバで提供しているのが memcached（11211/tcp）であった場合、KVS サーバに対する ping よりも、11211/tcp に対する memcached 利用操作のほうが適切です。

昨今のシステムは関わるコンポーネントが多いため、コンポーネントの境界を丁寧に atomic に監視項目化していくと監視項目数が激増しがちです。項目数が増えることはわかりづらさにも繋がるので、atomic 原理主義的にならず、わかりやすさを重視してうまく間引きましょう。

対応内容と対象がほぼ一緒になる項目があれば、それらをマージするのがよいです。上記の例だと KVS サーバに対する ping と 11211/tcp に対する memcached 利用操作の両方が通知された場合、対応内容はほとんど同じです。この場合はレイヤが低い方（=ping）は観測・記録のみ行い、レイヤが高い方（=11211/tcp に対する memcached 利用操作）を監視対象とするのが適切です。

Note：システム構成に合わせた監視設定

サーバ 3 台のシステムで、異常時に 2 回リトライを行う監視をしていた場合、サーバのうち 1 台は何度アクセスしても異常な状態であっても、ロードバランサ経由の外形監視のみではきちんと検知できないことがあります。

異常となる確率が 1/3 なので、ランダムにロードバランスした場合 3 連続で異常となる必要があり、検知できる確率は $\left(\frac{1}{3}\right)^3 = \frac{1}{27}$ になります。ほかの観測項目を組み合わせて監視することでケアしましょう。

3 台ロードバランスの例の場合は、それぞれのサーバのログ出力内容や、3 台のログ流量の差などを組み合わせる方法が考えられます。

5.2.3 サービスの機能要件に直接関わる観測項目

SLI に指定されていなくても、サービス・サイトの機能として明に暗に期待されている点やシステム構成上ユーザ体験・ユーザが利用する機能を観測・監視します。

サービスの機能として外から見てわかるものと、内部を把握している運用者ならではの項目の 2 種類があります。

外から見てわかるものは、例えば EC サイトで購入完了画面を表示してから確認メールが配送されること（＝サイトがメールを送信する機能を実現していること）、コミュニティサイトで SNS 連携ログインが可能であることなどがあります。

実績ベースで確認する必要がある監視は、例えばメール送信であれば実際に送ってどのくらいの時間で届いたか観測する、SNS 連携ログインであればテストユーザを利用した Synthetic 監視を行うなどの方法をとります。

内部の観点では、Apache Kafka や Amazon SQS のようなキューシステムにおいてタスクがキュー内に滞在する時間が一定以下であること、MySQL の Replication や lsyncd のようなデータ同期処理の遅延時間が一定以下であること、バッチ処理の所要時間（あるいは終了日時）が一定以下であることなどがあります。

もっと基本的なところでは、仕様書にわざわざ記載されないようなレベルの暗黙の要件も、動的なものは監視するのがよいです。例えば SSL 証明書の期限が切れていないこと、サーバの時刻が同期され正確であることなどです。

5.2.4 リソース利用状況

最近のクラウドインフラの普及により、リソース割合の柔軟性とソフトウェア制御可能性が向上し、単純なキャパシティ不足や簡単な異常検知・回復はソフトウェアでかなり自動化できるようになりました。

伴って、リソース利用状況に基づいた監視をしなければならないシーンが減り、アラーティング目的のリソース利用状況の観測の必要性はかなり減ってきました。

　最近のクラウド・サーバレスを主体としたシステムは、リソースメトリクスをもとにしたアラーティングはあまりせず、コンポーネントやシステムの出力内容や、ユーザ利用体験を軸にした監視がメインです。リソースメトリクスをもとにしたアラーティングは技術的にはできますが、する場合もほとんどのケースで強い通知は不適切です。
　しかしまだ自己修復機構の完成度や柔軟性、ソフトウェア制御が至らないところは監視テクノロジと運用でカバーする必要があります。リソースメトリクスを用いたアラーティングは、クラウドであっても割当リソースや予算に上限があること、オンプレミスやクラウドの特性を活かせていないシステムがまだまだたくさんあることから、必要になることがままあります。サービスを支えるシステムのリソースキャパシティが適切で過不足がないことを確認し、異常を検知した場合は是正します。
　リソース利用状況を対象とした監視で特にありがちなのが、異常検知として**常ならぬ状態の検知**にこだわってしまうことです。普段と異なる挙動・普段よりリソース残量が少ない状況は、是正する必要がないことがままあります。

　典型的なところではゲージ型のメトリクスのうち変動性が高い項目のキャパシティ枯渇は基本的にアラーティング不要です。
　例えばCPU利用率が100%の場合を考えます。キャパシティの観点では利用100%、空き0%でリソース不足に見えますが、そのサーバが担っている処理の所要時間が閾値内なのであれば是正の必要はありません。むしろコンピューティングリソースをたいへん上手に活用している素晴らしいケースです。Load AverageやSWAP利用量も同様で、処理の所要時間（レスポンスタイムなど）が遅くなっていなければ全く問題ないだけでなく、コストパフォーマンスがよい状態だと言えます。
　ディスク空き容量やSSDのTBW猶予のように基本的に漸減していく傾向がある項目のリソースメトリクスは不足を検知し対応する必要があります。

　データ分析分野の発展により機械学習などを利用して異常検知（Anomaly Detection）する技術も発達してきましたが、通常と異なるリソース利用がトラブルであるかの判断は社会的な要因を考慮する必要があるためシステムのほうだけを見て判断できるものではなく、機械任せで一筋縄にはいかないところです。

Note：適切な対処には解釈が必要

同じ異常でも適切な是正方法が異なる場合があります。

例えば、CPU 利用率 20 〜 60% が適性範囲な Web サービスがあるとします。Web サービスへのトラフィックが急増し、CPU 利用率が 90% になった場合、機械的に判断すると正常範囲内に収めるために CPU パワーを追加する必要があります。

このトラフィックが、ユーザ利用増などの Web サービスとして歓迎すべきトラフィックであれば、インフラ費用は増加しますが CPU パワーは追加すべきです。しかし DoS・DDoS 攻撃などの歓迎すべきでないトラフィックであれば、インフラ費用が増えるということで攻撃（の目標の一部）が達成されてしまうわけで、対処としてキャパシティ増強ではなくアクセスブロックを選択するべきです。

Web サービスの場合、攻撃かと思ったら有名人が取り上げてくれたお陰で純粋に利用者が増えたというケースもあります。

常ならぬ振る舞いへの適切な対処は人間の解釈が必要という例を紹介しました。なおサービスの状況や運用体制に応じて、取りこぼしよりは出費を選択し積極的にスケール拡張を行う運用方法もあります。

平常時から観測し、継続的にデータを取得しておくことが重要です。平常時のデータがあれば、死活監視で異常を検知したときなどに、データを利用して原因追求を行うことができます。

あとは、費用の急騰をアラーティングすることもあります。インフラが柔軟に動的になったものの、お金は無限ではないので…。

リソース不足はもちろん困るのですが、最近はインフラが柔軟に変更できるようになったため、リソース過多も柔軟に是正できるようになりました。リソース不足だけでなく、リソース過多も適切に観測・検知するとなおよろしです。過剰リソースは、長期トレンドに基づいて検知し弱い通知を行うのがよいです。

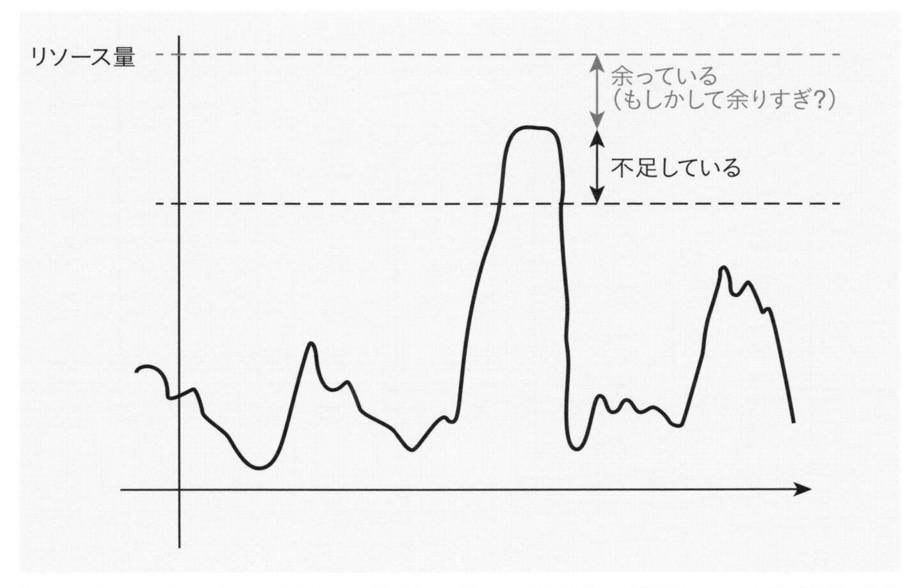

図 5.2：リソースキャパシティと利用量の例（キャパシティが青破線の場合は余り、もし黒破線だったら不足）

5.2.5 イベント・ログ

イベントやログでわかりやすいのは機器の故障です。HDD や電源、ファンなど、動いたり発熱したりする部品は特に壊れやすいです。ほとんどのサーバ機器は健全性を観測することができるので、観測したうえで異常を検知した場合は修理交換対応が必要になります。HDD や電源、ファンなどの部品故障だけでなく、SMART を用いた HDD の故障予測検知でも同様の対応を行います。

RAID カードのバッテリ放充電に伴う一時的な充電残容量枯渇のように、正常な処理によって好ましくない状況になるものの対応が不要なケースは、通知すると false positive なので通知しないようにします。

よく似たケースに Amazon RDS のようなクラスタ自動再構成機能つきのクラスタでの failover イベントがあります。failover 自体は大きな出来事に思えますが、正常な自己修復機構が働いた結果でありその後の対応は不要です。通知すると false positive

なので通知しないようにします。

前述のとおり、クラスタ自動再構成機能がないクラスタの場合は failover 後の対応が必要になります。その場合も緊急対応しないで済むよう、翌営業日以降の対応で OK となるよう可用性を設計・実装しておくのがよいです。

一般的な傾向として、イベントやログは**知っておきたいけど個々のできごとにおける対応は特にない**という情報を含みがちです。それらを全部通知すると false positive の嵐になってしまうので、通知有無を適切に切り分ける必要があります。

5.2.6 セキュリティ・コンプライアンス

法令やセキュリティ基準、業界標準などの規約・規定類に由来する観測・監視項目です。例えば、ある種のシステムでは PCIDSS に準拠することが必須であったり、省令でアクセスログの保存期間が定められていたりします。

それらを落とし込んだ挙動やそれを実現する設定をシステムに施し、その挙動や設定が為されているかを観測します。振る舞いを観測しても、正しい設定がなされているか確認できないことが多いため、設定が規定どおりになされているかを観測することが多いです。例えば、オフィスからのみ接続許可している IP アドレスのアクセス制限設定をテストするとして、監視拠点から接続が拒否されることを確認した場合に、それがすなわち一般にアクセスを公開していないから拒否されたということは確認できません。(接続できたら NG ではあるので、接続できないという監視を併用することはあります)

ほかにも、アプリケーションのデバッグ動作モードなど本番運用中は無効になっているべき設定が無効であることを監視しておくことで、メンテナンス作業中にメンテナンス用に有効にした設定の戻し忘れに気づくことができたりします。

監視の一環でこのような設定（コンフィグ）のテストを行うことがあります。

設定（コンフィグ）テストは監視で行うこともあれば、CI/CD の一環で行うこともあります。監視であれば恒常的、定期的にチェックするのでタイミングが安定しています。CI/CD はイベント的にチェックする形なので不定期ですが、システムによっては CI/CD を相当に高頻度で行うこともあるでしょうから、それぞれのプロジェクトで適切な箇所で実装すべきです。

Note：プロビジョニングツールのコンプライアンス機能

昨今のインフラは基本的に Ansible などのプロビジョニングツールを利用してセットアップします。

サーバやインフラをテストする場合、プロビジョニングツールとは別の観点で実施することが望ましいため、Serverspec などのテスト専用ツールを利用します。

プロビジョニングとテストの統合ソリューションとなった Chef は、このテストを継続的に実行するソリューションを Compliance として売り出しています。

- Serverspec - Home https://serverspec.org/
- Compliance Solutions | Chef https://www.chef.io/compliance/

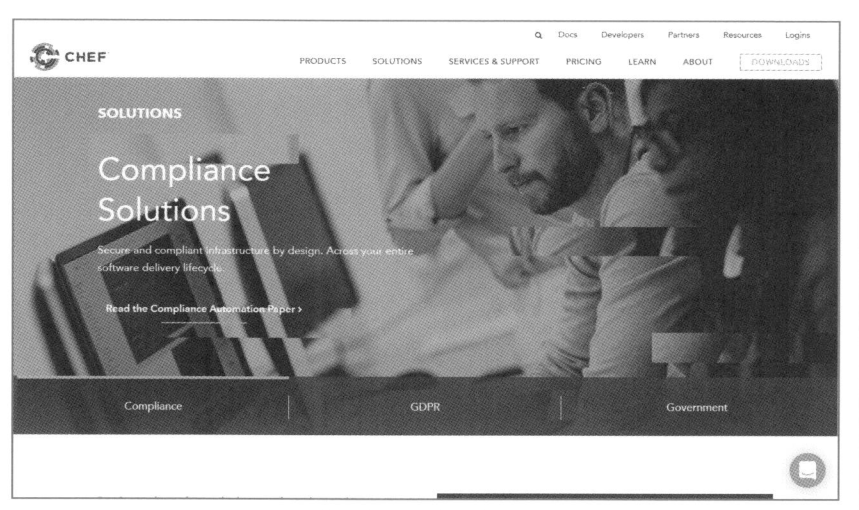

Compliance Solutions

5.2.7 運用作業のトリガー

監視を活用することで運用作業を軽減できることがあります。

例えばドメインやSSL証明書の更新は定期的に実施する必要がある運用作業を弱い通知＋期限監視＋ドキュメント記載の対応手順という監視対応のプラットフォームに載せることで運用が正規化され、運用作業にあたるエンジニアの負担が減ります。

Note：異常を未然に防ぐ

狭義の監視の範囲では異常を検知し迅速に復旧するリアクティブな対応ですが、異常発生を予測しプロアクティブに対応し緊急の回復措置が必要な異常を未然に防げるのであればそれは素晴らしいことです。システムが壊れる前に対処することで、システム利用者への突発的な不利益を回避できます。

システム利用者だけでなく、システム提供者にも運用負荷を平準化できるメリットがあります。運用負荷が平準化できれば突発対応が減り、システムの継続的開発・改善が安定し、中長期視点でシステム利用者の利益になります。

予測は技術的難易度が非常に高いのですが、リソースキャパシティであれば過去データをもとに機械学習などの技術を用いてリソース利用傾向を分析し判断することができます。そこまでせずとも、まずは簡単な回帰分析を行い直近の異常可能性を発見したら運用作業のトリガーにすると簡単に始められます。

リソース利用状況のアラーティングの項で、CPU利用率やLoad Average、SWAP利用量などはアラーティングしない、ディスク空き容量やSSDのTBW猶予のように基本的に漸減していく傾向がある項目はアラーティングすると説明しました。後者は致命的な異常（残容量0でシステム利用者に悪影響発生）よりも前に対応する、まさにプロアクティブな対応です。

5.3 定番の観測項目

定番の観測項目をもとに、アラーティング観点では出てこなかった、必要なときに振り返る観測項目を洗い出します。

前述のとおり観測・記録は積極的に行い、アラーティングは厳選しましょう。最初はどの項目が必要か・重要かわからないので、ベストプラクティスで始めて運用しながら改善していくのがよいです。

長期視点でシステムやサービスの健全性を確認するためには、長期間に渡るメトリクスが不可欠です。また、システムのリソースメトリクスやワーキングメトリクスだけでなく、アプリケーションそのものもモニタリングするとよいです。詳細は後述します。

本章の以下はアラーティングするもの / しないものに関わらず、定番の観測項目やポイントを紹介します。

Note：定番のモニタリング項目の探し方

定番のモニタリング項目は時代とともに変化します。OSS のモニタリングソフトウェアを見ると、その時々のスタンダードを知ることができます。

例えば、Mackerel のメトリクス観測プラグイン mackerel-agent-plugins の場合、環境変数 MACKEREL_AGENT_PLUGIN_META に値を設定しプラグインを実行すると、JSON 形式で観測項目の一覧が出力されます。

mackerelio/mackerel-agent-plugins: Plugins for mackerel-agent
https://github.com/mackerelio/mackerel-agent-plugins

リスト 5.1：mackerel-agent-plugins の観測項目一覧出力例

```
$ MACKEREL_AGENT_PLUGIN_META=Y ./mackerel-plugin-linux
# mackerel-agent-plugin
{"graphs":{"linux.context_switches":{"label":"Linux Context
Switches","unit":"integer","metrics":[{"name":"context_
switches","label":"Context
Switches","stacked":false}]},...
```

Note：PaaS のモニタリング

PaaS の場合はマネジメントの一部をクラウドサービス事業者に委任していますが、観測すべきポイントは概ね同じです。サービスによっては多くのデータが利用者に公開されているので、本章を参考に公開されているデータを観測します。

5.3.1 エンドポイントのモニタリング

エンドポイントに対して Active 型の外形監視を行い、接続する側から見た応答内容・応答時間・応答内容などを観測します。

HTTP/HTTPS 接続の場合、代表的には以下のような項目を観測します。

表 5.1：HTTP/HTTPS での観測項目

項目	説明
レスポンスタイム	リクエストを送信してからレスポンスを受信し終えるまでの所要時間
レスポンスサイズ	レスポンスのデータ量。小さすぎる場合は異常なレスポンスであることがある
レスポンスのステータスコード	レスポンスのステータスコード。301や403が正しいこともある
レスポンスヘッダ	レスポンスのヘッダ。Locationが想定した値になっているか確認することもある
レスポンスボディ	レスポンスボディに含まれる文字列。レスポンスボディを最後まで取得できたか確認するために、フッタの文字列や </html> が含まれることを確認することもある
SSL証明書の期限	SSL証明書の期限が切れていないこと、残り期限が十分に残されていることを確認する

観測にあたり以下のような項目を指定し観測を行います。

表 5.2：HTTP/HTTPS での観測の設定項目

項目	説明・例
プロトコル	HTTP や HTTPS など
接続先	example.com や 192.0.2.1 など
URL	/ や /login/ など
メソッド	GET や POST など
リクエストボディ	POSTメソッドを利用する際に送信するリクエストボディ
リクエストヘッダ	認証情報やUser-Agent、Hostヘッダ
リダイレクトを追従するか	ブラウザのようにリダイレクトレスポンスを得た場合にLocationヘッダを参照しリクエストを続けるかどうか
認証方式とクレデンシャル	BASIC認証、DIGEST認証などが必要な場合にID・パスワードと共に指定する
SSLクライアント証明書	SSLクライアント証明書が必要な場合に指定する

特定の URL にアクセスしレスポンスを観測することがほとんどですが、ブラウザのようにレスポンスを評価し CSS や JS、画像などのアセット類もダウンロードするところまでを観測する方法もあります。

また特定の URL にアクセスするだけでなく、ユーザの操作を模していくつかの URL を回遊することもあります。例えば SNS 連携ログインが必要なシステムであれば、テストユーザを利用したログインを伴う監視を行うこともあります。

このようなブラウザやユーザを模した観測・監視は、Selenium や Puppeteer を利用した E2E テストに近いものがあります。

- SeleniumHQ Browser Automation https://selenium.dev/
- Puppeteer https://pptr.dev/

最近は Microsoft Azure の Application Insight のように世界各地の多数の拠点からアクセスして結果を統合してくれるサービスがあります。多様な環境から観測し結果を統合できれば、false positive の削減が期待できます。

Note：気にしなければならない観測者効果

監視対象にランキング機能が付いているときは気をつけてください。監視によるアクセスでアクセスランキング上位になったり、監視によるログインでログイン回数ランキング上位になったりすることは避けましょう。User-Agentやユーザ名、ユーザIDで監視のアクセスを識別して、ランキング集計から除外してください。

受け側視点のエンドポイントモニタリングとしては、アクセスログの出力量やステータス、エラーレート、応答時間を分析し、平均値と99パーセンタイルなどを観測・記録します。

5.3.2 物理インフラ層のモニタリング

オンプレミスサーバやネットワーク機器など物理的な機器を直接扱う場合、以下のような項目を観測するのが定番です。機器を構成するパーツの状態を観測します。代表的には各機器において以下のような項目を観測します。

表5.3：物理機器の観測項目

項目	説明
筐体ファン回転数	単位はrpm(rotations per minute)
CPUファン回転数	単位はrpm(rotations per minute)
CPU温度単位	単位は℃(出力数値が華氏か摂氏か要確認)
RAIDカードバッテリ残容量	充放電を繰り返すのが通常だが、恒常的にバッテリ容量が少ない状態は異常
HDDのステータスや故障予測	各HDDの状態。異常/故障を検知した場合は交換などの対応を行う
SSDの書き換え容量	TBWの残容量。単位はByte

上記の他にも、ネットワーク機器のポートなど部品の故障状況を観測します。サーバ機器の場合、基本的に機器の状態はサーバベンダが提供しているソフトウェアや機器を通じて観測します。DELL なら OpenManage、HP なら iLO（INTEGRATEDLIGHTS-OUT）が有名です。サーバベンダが提供しているソフトウェアか SNMP を利用して観測するのが定番です。

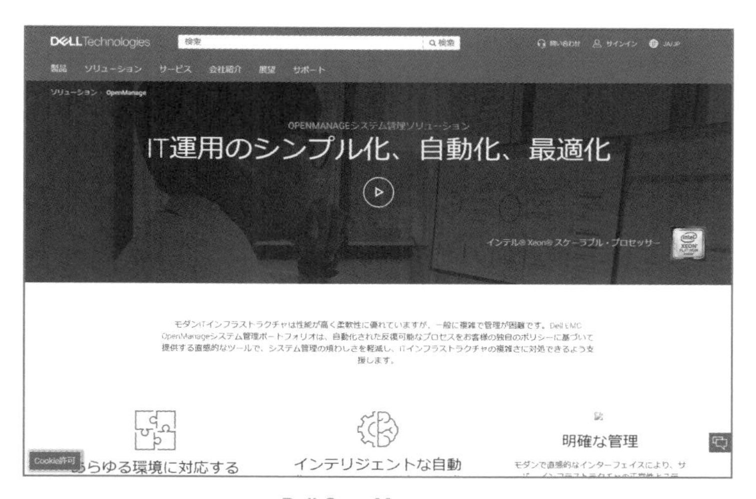

Dell OpenManage

iLO

機器群という観点では、また機器やラック単位で、利用している電力量（W）も観測します。データセンタ側で観測用のインターフェイスが用意されていることがあります。API で取得することができず、ブラウザ閲覧と CSV ダウンロード機能しかない場合もあるので、その場合はスクレイピングしてデータを取り込みます。

クラウドサービスを利用する場合は物理層を意識することはほとんどありませんが、OS より低いレイヤという観点でクラウドサービス特有の観測項目が登場します。例えば、AWS の EC2 で一部のインスタンス（t 系）で採用されている CPU クレジットという指標は、クラウドサービス特有の概念に基づいた観測項目です。

適切な CPU リソース量を見極めるためには、CPU 利用率だけでなく CPU クレジットを併せて把握する必要があるので常日頃から観測しておくのがよいです。

5.3.3 ネットワークのモニタリング

ネットワークレベルでは以下のような項目を観測するのが定番です。代表的には、ネットワーク機器、あるいはサーバ OS 上で、インターフェイスごとに以下の項目を観測します。仮想サーバの場合は各仮想サーバ上で観測します。

表 5.4：ネットワークのインターフェイスごとの観測項目

項目	説明
送信データ量	単位はbps(bit per second)
受信データ量	単位はbps(bit per second)
送信パケット数	単位はpps(packets per second)
受信パケット数	単位はpps(packets per second)
送信時のエラーパケット数	単位はpacketあるいはpps(packets per second)
受信時のエラーパケット数	単位はpacketあるいはpps(packets per second)
送信時のドロップパケット数	単位はpacketあるいはpps(packets per second)
受信時のドロップパケット数	単位はpacketあるいはpps(packets per second)
送信時のコリジョンパケット数	単位はpacketあるいはpps(packets per second)
受信時のコリジョンパケット数	単位はpacketあるいはpps(packets per second)

またインターフェイスに関わらず以下の項目を観測します。

表 5.5：ネットワークの観測項目

項目	説明
TCP接続のステータスごとの接続数	単位はconnection

上記の他に、BGP などの動的ルーティングを利用する場合は、広報の内容･頻度や、保有ルート数を観測します。

ネットワーク機器という観点では、ファイアウォールや UTM（Unified Threat Management）などのセキュリティ関連機器を導入している場合、対処（ブロックなど）した接続やパケットの、数や内容を観測することがあります。定義ファイルのアップデートが必要なタイプのセキュリティ関連機器であれば、定義ファイルの版や最終更新日を観測し監視すると更新漏れや更新トラブルが実績ベースで検知できます。

ネットワーク機器として VPN ルータを導入している場合、接続ユーザ数や接続元・接続時間を観測します。適切なキャパシティを判断するための材料になりますし、接続元や接続時間は何かあった場合の証跡になることもあります。

5.3.4 OS のモニタリング

OS レベルでは以下のような項目を観測するのが定番です。

前述のとおり、メモリ利用量やロードアベレージの高騰、ページアウト / ページインの継続的な発生は、本来その出来事自体でアラーティングする必要はないです。

表 5.6：OS の観測項目

項目	説明
CPU利用率	コアごとに、user/systemなど種類ごとに観測
メモリ利用量	used/buffer/cachedなど種類ごとに観測。SWAP利用量も観測
ページアウト/ページイン	SWAPへの退避/SWAPからの書き戻しの発生量を観測
コンテキストスイッチ	コンテキストスイッチ実行回数を観測
フォークフォーク	実行回数を観測
インタラプト	割り込み発生回数を観測
ロードアベレージ	ロードアベレージを観測する
プロセス数	ステータスごとのプロセス数
起動プロセス	所定のプロセスの起動数。Webサーバであればhttpdの起動数など
ディスクのマウント	追加ディスクやリモートディスク(NFSなど)のマウント状況
ログインユーザ数	サーバにsshなどでログインしているユーザ数。作業中か、いつ作業したか確認できる

ディスク関連は、ディスクごとに以下のような項目を観測するのが定番です。ハードウェア観点では HDD ごとに観測しましたが、OS レベルでは OS から見たデバイスごとに観測します。

表 5.7：ディスクごとの観測項目

項目	説明
ディスク使用量	OSから見たディスクの使用量を観測する。空き容量が0になる前に対応できるよう閾値を設定する
ディスクIO所要時間	ディスクIO処理に利用した時間
ディスクIO操作回数	単位はIOPS
ディスクIO量	単位はByte per second

観測すべきイベントやログは以下のものがあります。

表 5.8：OS イベントの観測項目

項目	説明
再起動	観測と観測の間で再起動した場合は検知できないので、uptimeを観測することで実現する
OOM Killer	メモリリークなどにメモリ不足によるOOM Killer発動を検知する

コンテナのモニタリングはまだ決定版がない状況ですが、コンテナごとにリソース割当制限があるため、コンテナごとに割当の上限を 100% とした場合の使用率を観測しておくのがよいでしょう。

5.3.5 ミドルウェアのモニタリング

どのミドルウェアでも観測すべきイベントやログとして以下のものがあります。

表 5.9：ミドルウェアの観測項目

項目	説明
システムリソース制限に抵触した旨のエラーログ	システムのリソース制限(ulimitやsysctl)に抵触したことを示すログ。Too many open files など
重篤なエラーログ	エラーログメッセージのうち重篤なもの。Segmentation Fault のような意図せぬ停止を示すものや、ERROR や FATAL など

Web サーバのモニタリング

Apache や Nginx のような Web サーバは、まずサーバごとにエンドポイントの応答を観測します。バーチャルホストで複数サイトやアプリケーションをホストしている場合、それぞれ個別に監視することができますが、観測項目が重複しないよう、false positive が発生しないよう、1 インシデントで多数の通知が発生しないよう気をつけましょう。

他には以下のような項目を観測するのが定番です。

表 5.10：Web サーバの観測項目

項目	説明
リクエスト数	処理したリクエスト数。単位はrps(request per second)
転送量	処理した転送量。単位はByte per second
ワーカ数	ステータスごとのワーカ数。Apacheの場合 busy / idle
同時接続数	接続ステータスごとの接続数。Apacheの場合 Waiting / Reading request / Sending reply など

Varnish Cache のようなコンテンツキャッシュ機能を持つリバースプロキシは以下のような項目を観測するのが定番です。

表 5.11：リバースプロキシの観測項目

項目	説明
リクエスト数	処理したリクエスト数。単位はrps(request per second)
キャッシュのヒット率	処理したリクエストのうちどれだけキャッシュから返却したか。単位は%
バックエンドへのリクエスト数	キャッシュを利用せずバックエンドにリクエストした数
キャッシュの保持状況	キャッシュしているコンテンツ数と容量、期限切れとなったコンテンツ数

php-fpm や unicorn、gunicorn、Tomcat などのアプリケーションサーバの場合、Web サーバ観点の項目とアプリケーションランタイム観点の項目を観測するのが定番です。

最近の Web システムは CDN（Contents Delivery Network）を利用することがほとんどです。CDN はコンテンツキャッシュとして観測するとよいです。

アプリケーションランタイムのモニタリング

JVM（Java Virtual Machine）などのアプリケーションランタイムの観点では以下の項目を観測するのが定番です。JVM を利用したミドルウェアやアプリケーションは数多く存在し、それぞれで以下の項目を観測します。

表 5.12：アプリケーションランタイムの観測項目

項目	説明
メモリ利用状況	プロセスサイズや、Heapなど領域ごとのメモリ利用状況
GC実行状況	GC(Garbage Collector)の実行回数、所要時間など。GCを提供している言語ランタイムのみ
スレッド数	ステータスごとのスレッド数

プログラミング言語ごとの特性が強く出るため、その時々でその言語界隈のスタンダードを確認します。

Javaであれば、JVMが提供するインターフェイスであるJMX（Java Management Extensions）を利用しますが、ランタイムにインターフェイスがない場合は、アプリケーションにライブラリを組み込んで取得することがあります。例えばJVMの場合はJolokiaを組み込み、JMXのMBean（Management Bean）をJolokiaのHTTPインターフェイスを経由して観測できます。

メモリ利用状況は、OS側からアプローチしpsコマンドや/proc/<pid>/stat、/proc/<pid>/mapからメモリ利用状況を算出しますが、ランタイム自身かライブラリでしか知り得ない情報もあるので、内部情報を取得できる方法を積極的に採用します。

- Jolokia – Overview https://jolokia.org/

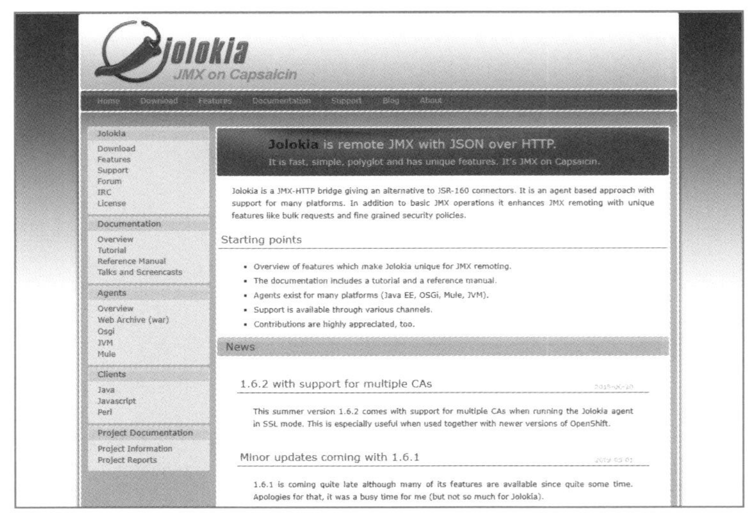

jolokia

RDBMSのモニタリング

MySQLやPostgreSQLのようなRDBMSは以下のような項目を観測するのが定番です。RDBMSに接続し、内部ステータスを取得するコマンドを実行するか内部ステータスが格納されているテーブルを参照し、値を取得します。これはAmazon RDSのようなPaaSでも同様です。

表 5.13：RDBMS の観測項目

項目	説明
ワーカ数	ステータスごとのワーカ数。MySQLなら connected や running など
同時接続数	接続ステータスごとの接続数。MySQLなら reading from net や sending data など
転送量	処理した転送量。単位は Byte per second
実行したクエリ数	クエリの種類ごとの実行クエリ数。SELECT 、UPDATE 、INSERT 、DELETE など
レプリケーション状況	レプリケーションのエラー有無や遅延状況など
ロック状況	ロック発生回数やロック解放待ち時間、デッドロック発生回数など
スロークエリ発生状況	スロークエリの発生数
メモリ利用状況	データのキャッシュ領域(MySQLの場合 innodb_buffer_pool)の利用率や書き込みバッファ利用量など
データ操作状況	ディスクを読んだ行数、ディスクに書いた行数など
トランザクション状況	トランザクション実行数、未確定トランザクション数など
ディスクIO状況	読み書き要求回数や読み書き実行回数など

観測すべきイベントやログは以下のものがあります。ここではエラーログファイルに出力されるものを指してログと呼びますが、DBA（DataBase Administrator）にとってはログといえば WAL（Write Ahead Log）だったりするので、DBA と監視について話すときは文脈に注意してください。

表 5.14：RDBMS のクラスタイベントの観測項目

項目	説明
クラスタイベント	レプリケーション切断やクラスタからの離脱、プライマリの切り替わりなど

Note：MySQL の観測は必ず認証を通す

MySQL の場合、連続で認証に失敗すると、その接続元からの全ての新規接続をブロックするセキュリティ機構が組み込まれています。そのため観測の設定を間違えて、設定してからしばらく後に突然、今まで接続できていたアカウントも含めて特定の接続元から接続できなくなることが稀にあります。

認証の処理を行わず接続しただけでも失敗とカウントされるため、TCP 接続で疎通可否を監視したことでその機構が発動してしまい、正規の接続ができなくなることもあるのでご注意ください。

そうなった場合は MySQL のエラーログに Host 'host_name' is blocked because of many connection errors. が記録されます。まだブロックされていない接続元から接続し FLUSH HOSTS を実行することでブロックリストをリセットできます。

- MySQL :: MySQL 8.0 Reference Manual :: B.4.2.5 Host 'host_name' is blocked
  https://dev.mysql.com/doc/refman/8.0/en/blocked-host.html

KVS のモニタリング

Memcached や Redis のような KVS は、以下のような項目を観測するのが定番です。 RDBMS に接続し、内部ステータスを取得するコマンドを実行し値を取得します。これは Amazon ElastiCache のような PaaS でも同様です。

表 5.15：KVS の観測項目

項目	説明
ワーカ数	ステータスごとのワーカ数
転送量	処理した転送量。単位は Byte per second
実行したクエリ数	クエリの種類ごとの実行クエリ数。GET 、SET など
キャッシュヒット	GETなどのデータ取得クエリにおいて返却すべき値が存在した回数、しなかった回数
オブジェクト数	保持しているオブジェクトの数、破棄したオブジェクト数など
メモリ利用状況	確保したメモリの利用状況
レプリケーション状況	レプリケーションのエラー有無や遅延状況など

観測すべきイベントやログは以下のものがあります。

表 5.16：KVS のイベントの観測項目

項目	説明
クラスタイベント	レプリケーション切断やクラスタからの離脱、プライマリの切り替わりなど

キューシステムのモニタリング

Redis や Apache Kafka のようなキューシステムは、以下のような項目を観測するのが定番です。キュー滞留時間がうまく観測できない場合、キューをどのように分割しているかによりますが、監視システムが定期的にタスクを投入することで観測します。一番重要な項目はキューの滞留時間です。キューの長さはアラーティング目的ではなくキャパシティ管理のために利用します。これは Amazon SQS のような PaaS でも同様です。

表 5.17：キューシステムの観測項目

項目	説明
処理数	Enqueue(Push)、Dequeue(Pop)など処理ごとの処理数
キューの長さ	キュー内のタスク数
キュー滞留時間	タスクがキューに登録されてから処理されるまでの時間

メール配送デーモンのモニタリング

Postfix のようなメール配送デーモンは、以下のような項目を観測するのが定番です。基本的にはキューシステムですが、スパムメールやフィッシング、ウィルス拡散目的のメールなどが蔓延した影響で、メール配送デーモンは受信側が独自の配送制限を実装していることがとても多く、メール配送デーモンは継続運用の難易度がとても高いです。特にログは統計的に処理するだけでは様々な原因からくる結果が混在し異常をうまく検知できず健全性が損なわれていくため、事象を個別に確認し継続的に対処する必要があります。

観測手法は内部ステータスを取得するコマンドを実行し値を取得します。配送成否や配送キュー滞留時間がうまく観測できない場合、監視システムが定期的にメールを送信することで観測できるようになります。送信側で送信処理を行った日時を記載したメールを送信し、受信側で記載された日時を見て処理に要した時間を観測することができます。これは Amazon SES のような PaaS でも同様です。

表 5.18：メール配送の観測項目

項目	説明
処理通数	配送を受け付けたメール数、配送したメール数、バウンスしたメール数、配送エラーになったメール数など
配送キューの長さ	ローカル配送、リモート配送など、種類ごとの配送キュー内のメール数
配送キュー滞留時間	ローカル配送、リモート配送など、種類ごとの、メールが配送キューに入ってから抜ける（処理される）までの時間

観測すべきイベントやログは以下のものがあります。

表 5.19：メール配送のイベントの観測項目

項目	説明
配送エラー	接続拒否、バウンス、流量過多、宛先不明などをキャッチし個別に対応する

シェアードナッシングな非同期型ファイル同期サーバのモニタリング

lsyncd のようなシェアードナッシングな非同期型ファイル同期サーバは、以下のような項目を観測するのが定番です。

処理遅延がうまく観測できない場合、監視システムがファイルを定期的に更新し同期処理を発生させることで観測できるようになります。同期元サーバで特定のファイルに日時を書き込み、同期先サーバでそのファイルに記載された日時を見て処理に要した時間を観測することができます。

表 5.20：シェアードナッシングな非同期型ファイル同期サーバの観測項目

項目	説明
対象ファイル数	同期対象となっているファイル数
処理遅延	書き込まれてから同期が完了するまでの時間

観測すべきイベントやログは以下のものがあります。

表 5.21：シェアードナッシングな非同期型ファイル同期サーバのイベントの観測項目

項目	説明
全同期	通常は差分同期を行い、全同期処理はしないと思われるため観測しておく

シェアードナッシングな非同期型ファイル同期サーバで、特に問題になりやすいシステムリソース制限があります。ファイルの更新を検知するための API を利用する際に、システムリソース制限に抵触することがままあります。 Linux の場合は対象ファイル数が /proc/sys/fs/inotify/max_user_watches の値にどの程度迫っているか、超過し

ていないか見ておきます。

シェアードナッシング型ブロックストレージクラスタのモニタリング

DRBD のようなシェアードナッシング型ブロックストレージクラスタは、デバイスごとに 以下のような項目を観測するのが定番です。

表 5.22：シェアードナッシング型ブロックストレージクラスタの観測項目

項目	説明
クラスタ参加状況	参加中(DRBDの場合 Connected)、未参加(DRBDの場合 StandAlone)など
同期状況	追いついている(DRBDの場合 UpToDate)、追いついていない(DRBDの場合 Outdated)など

観測すべきイベントやログは以下のものがあります。

表 5.23：シェアードナッシング型ブロックストレージクラスタのイベントの観測項目

項目	説明
クラスタイベント	同期切断やクラスタからの離脱、プライマリの切り替わりなど

クラスタマネージャのモニタリング

Pacemaker のようなクラスタマネージャは、以下のような項目を観測するのが定番です。

表 5.24：クラスタマネージャの観測項目

項目	説明
ヘルスチェック成否	ヘルスチェック成否、特にリトライ回数やエラーカウントなど

観測すべきイベントやログは以下のものがあります。

表 5.25：クラスタマネージャのイベントの観測項目

項目	説明
クラスタイベント	クラスタからの離脱、プライマリの切り替わりなど

VIP（Virtual IP address）を提供するタイプのクラスタマネージャを利用したシステムを監視する場合、クラスタ利用者に対する機能はVIPを経由して提供されるため、それぞれのサーバに直接接続する方法と、VIPに対して接続し機能提供状況を観測する方法を項目によって使い分けます。

5.3.6 アプリケーションのモニタリング

アプリケーションの観点で、アプリケーションの稼働状況のモニタリングとアプリケーションそのもののモニタリングの2種類を解説します。

アプリケーション稼働状況のモニタリング

APM（Application Performance Monitoring）の出番です。基本的にはAPMを有効にすることで深刻なパフォーマンス低下が起きにくいよう、多くのライブラリで以下のような工夫されています。

- APMでの計測は同期的に行うが、計測結果を観測しデータ収集するところは別スレッドで非同期的に行うことでユーザリクエストの処理をブロックしない
- 受けたリクエスト全てを計測対象とするのではなく、指定した割合のリクエストのみ計測対象とすることで、サービス全体としてのいち利用者への影響を減らす

以下のような項目を観測するのが定番です。

表 5.26：アプリケーション稼働状況の観測項目

項目	説明
リクエストの応答	リクエストの応答時間やエラー有無
外部APIの応答	外部サイトやクラウドサービスなど外部APIの応答時間やエラー有無
ミドルウェアの応答	RDBMSやKVSのクエリ所要時間などミドルウェアの応答時間やエラー有無
トランザクションID	マイクロサービス構成の場合、トランザクションIDを用いて分散トレーシングを実現する

バッチ処理を行うアプリケーションの場合は 以下のような項目を観測するのが定番です。

表 5.27：バッチ処理アプリケーションの稼働状況の観測項目

項目	説明
処理成否	バッチ処理でエラーが発生したか否か
所要時間	バッチ処理が完了するまでの所要時間
取り扱いデータ件数	バッチ処理で扱ったデータ件数

観測すべきイベントやログは以下のものがあります。

表 5.28：アプリケーション稼働状況のイベントの観測項目

項目	説明
重篤なエラーログ	エラーログメッセージのうち重篤なもの。ERROR や FATAL レベルを対象とするのが一般的。独自のエラーコードを利用するアプリケーションの場合はエラーコードで指定する

アプリケーションそのもののモニタリング

CI や静的解析を利用しアプリケーションそのものを継続的にモニタリングすることで、アプリケーションの健康診断ができます。

表 5.29：アプリケーションそのものの観測項目

項目	説明
アプリケーション規模	アプリケーションのコード量やクラス数など
アプリケーション複雑度	アプリケーションの循環的複雑度など
CI所要時間	Small/Medium のような規模ごとや、Unit/E2E など種類ごとのCIの所要時間
テストカバレッジ	CIでのカバレッジ

Example：Ruby on Rails アプリケーションの定点観測事例

Ruby on Rails アプリケーションの定点観測は以下の事例が参考になります。

- 大きな Rails アプリケーションをなんとかしよう。まずは計測と可視化からはじめよう。 - クックパッド開発者ブログ

https://techlife.cookpad.com/entry/2018/06/08/080000

観測すべきイベントやログは以下のものがあります。

表 5.30：アプリケーションそのもののイベントの観測項目

項目	説明
CIでのfail	CIでのfail(テスト失敗やテスト結果NG)

5.3.7 フロントエンドのモニタリング

システム利用者のブラウザ上で観測を行う RUM（Real User Monitoring）という取り組みがあります。

実現技術としては、ブラウザ側で JavaScript と Timing API を利用して観測を行い、データを Push 方式で収集します。

以下のような項目を観測するのが定番です。

表 5.31：フロントエンドの観測項目

項目	説明
読み込み成否	各コンテンツの読み込み成否
ロード時間	各コンテンツの取得・実行にかかった時間

クライアントサイドでのイベントやログの観測・収集も行われるようになりました。Sentry などを利用して Push 型で収集します。観測すべきイベントやログは以下のものがあります。

表 5.32：フロントエンドのイベントの観測項目

項目	説明
重篤なエラーログ	ロードしたプログラムで発生したエラー

5.3.8 ビジネスのモニタリング

ビジネス観点の KPI など、ステークホルダが気になる値を定点観測します。

サポート問い合わせ数や、EC サイトであれば売上高や取引数、オンラインゲームであればログインユーザ数やアクティブユーザ数などが代表的です。

Chapter

6

インシデント対応
実践編

6.1 インシデント対応の基礎知識

インシデントの前に、まずは監視項目の状態遷移を復習します。

個々の監視項目は基本的にOK/Non-OK（NG）の2種類の状態をとります。

表6.1：監視項目のステータス

ステータス	説明
OK	正常性が確認できている状態。異常なし
Non-OK	正常性が確認できていない状態。異常なしとは言えない

よくあるNon-OKの具体例は以下のとおりです。

表6.2：監視項目Non-OKステータスの具体的な内容

ステータス	説明
Warning	軽微な異常状態
Critical	重篤な異常状態
Pending	チェックが実行されていない状態
Unknown	正常とも異常とも言えない状態（チェック機構の異常終了など）

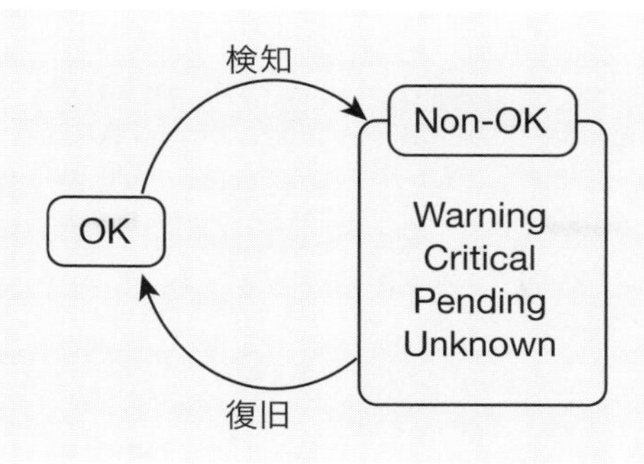

図 6.1：監視項目のステータスの遷移

OK が Non-OK になったらインシデント発生です。インシデントは、基本的に以下のライフサイクルをたどります。矢印のとおり Open → Resolved → Closed と進みますが、復旧したと思ったが実はしていなかったなどの場合に、Resolved から Open に戻ることがあります。同じ監視項目で再発した場合に、同じ（一連の）インシデントとして扱うか個別に扱うかはどちらもアリです。どちらが適切かはシステムの内容や体制にもよるので、運用していく中で最適化しましょう。どちらとも言えない場合は、シンプルさを優先し個別に扱うことをお勧めします。

忘れがちなのですが、インシデント対応を何もしていなくても監視項目のステータスが OK になったらインシデントは Resolved です。

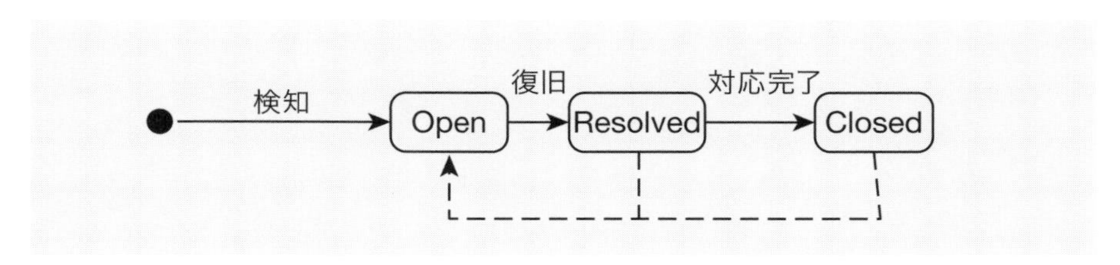

図 6.2：インシデントのステータスの遷移

表 6.3：インシデントのステータス

ステータス	説明	対象監視項目の状態
None	インシデント発生前。異常を検知していない状態。以上を検知することによりOpenに移行する	OK
Open	インシデント検知中。復旧(回復)を検知することによりResolvedに移行する	Non-OK
Resolved	インシデント収束済み。検知した異常は発生していない状態。振り返りなどの事後処理が完了したらClosedに移行する	OK
Closed	一連のインシデント対応が完了した状態	OK

それぞれのステータスにおいて、監視システムやステークホルダは以下の活動を行います。組織・体制により、このフローに上長承認などが絡む場合がありますが、まずは基本を押さえましょう。

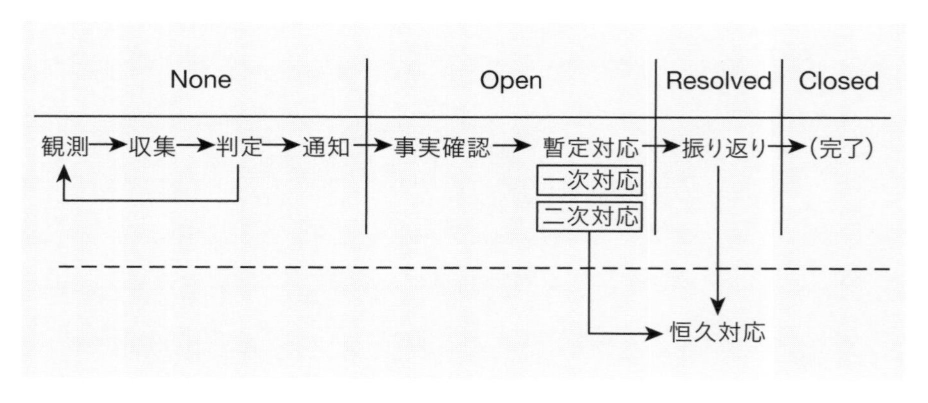

図 6.3：インシデント対応のフロー

表 6.4：インシデント対応でのアクション

アクション	説明
観測、収集、正常性判定、通知	監視システムにて行う。前章までを参照
事実確認	検知した内容が具体的にサービスにどのような影響があるか確認する
暫定対応	検知した異常への対処を目的とした対応を行う(復旧やユーザとのコミュニケーションなど)
振り返り	一連のインシデントを発生から対応まで振り返り学びを得る
恒久対応	今後を見据えた対応を行う(再発防止の根本対応や回避策の整備、再発時に適切な対応をとるための機構や体制・情報の整備など)

個々のインシデントは、迅速に Closed まで持っていくのがシステム運用上も精神衛生上も好ましいです。そんな背景もあり、恒久対応は得てして時間がかかるため、個々のインシデント対応とは切り離して管理するのがポイントです。振り返りの腰が重く Resolved が溜まってしまうことはありえますが、振り返りは改善ネタの宝庫なのでみすみす見逃すのはもったいないです。

なお、インシデントの Open は通常は監視システムからの通知がきっかけになりますが、ユーザからの通報など人間系でインシデントが Open することも時々あります。そのようなイレギュラーパターンも通常と同じフローに載せることで、管理しやすく・対応しやすくなります。

本章では、Open 〜 Closed の流れを解説します。

Note：コトにフォーカスして論理的にエンジニアリングしよう

前述のとおり、インシデント対応のようなトラブルシュートはプレッシャーの強いストレスフルな仕事です。大失敗する方法はわかっていますが、大成功する方法はわかっていません。しかし、必ず一定以上の成果を出す方法はわかっています。本書を通じて必ず一定以上の成果を出す方法を習得してください。それにトラブルシュートは成長するチャンスでもあります。ぜひ前向きに取り組んでください。

繰り返しになってしまいますが、インシデント対応中はプレッシャーが強いストレスフルな状況下なので心がプレッシャーに負けて「論理的に適切でない判断や対応」をしやすくなります。これは人間がコトにあたっている以上、このバイアスが発生するのは必然です。直感と切り離して望む結果に繋がる選択肢を探し・選択できるようになる必要があります。そのためには、豊富で確かな知識と価値の認識を持つことが必要不可欠です。

安易な「論理より直感重視」の代表例に**ダブルチェック**や**トリプルチェック**があります。一人でやるより二人でやったほうが確実なのだから、二人でやるより三人でやったほうが確実であろうという考え方です。一見正しそうだし、三人にして得（確実性の向上）は少なくとも損（確実性の低下）はないだろうと思いがちですが、そんなことはありません。

品質 /Vol.33/No.3/2003 人間による防護の多重化の有効性 島倉大輔 田中健次 によると、300通の封筒の郵便番号・住所・氏名の記載誤りを検出する実験を行ったところ右図の結果が得られました。

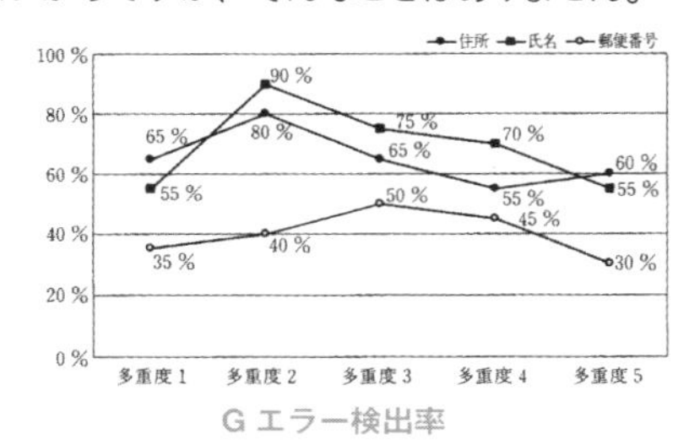

G エラー検出率

一人よりはダブルチェックのほうが確実性が高いという結果と共に、**ダブルチェックよりトリプルチェックのほうが確実性が低い**という結果が見て取れます。これはいち実験の結果ではありますが、トリプルチェックはダブルチェックよりも確認手間がかかるものの確実性を上げるとは限らない、場合によって損（確実性の低下）すらもありえる手法だという可能性を示唆しています。

医療現場向けの考察として、このような資料もあります。

ダブルチェックの有効性を再考する https://kouseikyoku.mhlw.go.jp/shikoku/kenko_fukushi/000085434.pdf

SREの文脈では「人間を介在させないことでヒューマンエラーを回避する」のが定石ですが、実際のところそうもいかないことが多いと思います。そんなときでもトンチンカンなことをしないよう、科学の力を使って論理的にエンジニアリングしましょう。

6.2 インシデント対応の心構え

インシデント対応は、非常にプレッシャーの強い仕事です。特に強い通知を受けて行うインシデント対応は緊急性が高いこともありプレッシャーがさらに強くなります。その強いプレッシャーの中でオペレーションするのがインシデント対応です。

インシデント対応を行ううえでとにかく重要なのは、**原理原則に基づいて当たり前のことを冷静に慎重に丁寧に実施すること**と**コミュニケーションをとること**です。『Webエンジニアが知っておきたいインフラの基本』もご参照ください。

- Web エンジニアが知っておきたいインフラの基本
  https://book.mynavi.jp/ec/products/detail/id=33857

Note：インシデント対応を通じて成長するためのコツ

- まずは振り返りをきちんとすること
- そして対応中、常に self-describe すること（どこの何をなぜ見て何を考えどう判断し、そして何をしようとしているか表現する）
- それを記録し、振り返ること

いつ何を見て何をどう考えてどう行動したのか、チャットの記録をもとに Input/Process/Output を整理して考え、原理原則に基づいて当たり前のことを冷静に慎重に丁寧に実施できたか確認し、できなかったらまたできるように努力すると成長に繋がることでしょう。ピンチは成長のチャンスでもあるので可能な限り活用できるとよいですね。

6.2.1 原因がよくわからない二次対応やパフォーマンストラブル、キャパシティトラブル、のときに特に重要な心構え

障害対応がこの段階に至る時、システムは未知・未経験の状況です。わかっていることといえば、「システム利用者に不利益が発生している」ということだけ。この不利益を解消するために、ステークホルダ全員で対応にあたる必要があります。

原因が複雑であったり、複合的であったり、流動的であったりと、原因の特定や効果的な対策の検討が難しいことがままあります。特に、性能不足やキャパシティ不足のように、システム利用者が一定数を越えた場合のみ顕在化する問題など、発生条件が複雑な場合にこの傾向が強いと感じます。

このような問題の場合、経験上ほとんどのケースで、アプリ / インフラ / 開発 / 運用 / 企画 / ユーザサポートなど、複数担当領域を俯瞰して分析・対応する必要があります。障害対応を行う上で、担当者間の協力体制は必要不可欠です。切り分けと称して「自分の担当領域が原因ではないことを証明する」ための活動が行われることがありますが、これはシステム利用者の利益にならないので活動自体が不毛です。押し付け合わずそれぞれの専門領域の技術を持ち寄り助け合って、システム利用者のために障害対応を行います。

協力体制があると緩和・回避措置の対応も大変スムーズになります。措置に対して実装方法が複数あることがほとんどなので、誰がどの方法で実装すると素早く復旧でき、システム利用者の利益が回復しやすいのかを軸に対応を検討・実行します。

6.2.2 大規模障害のときに特に気をつけること

明確な基準はありませんが、システム利用者への影響が大きい、あるいはシステム構成要素への影響が大きい障害を、俗に大規模障害と呼びます。

特に大規模障害の場合、やらなければならなそうなことが多く、現場は混乱し、状況は見通しが悪くなりがちです。そんなわけで、大規模障害のときは特に役割分担が重要になります。コミュニケーションコストを下げるために、基本的にチームは少数精鋭とし、役割分担を明確にすることで効率を上げます。

代表的な役割分担は以下のとおりです。

- Incident Commander（IC）：現場指揮官。司令塔
  - 対応における最高責任者
  - 1人である必要がある
  - やること・やらないことや、やることの優先順位を決定できる
  - Subject Matter Expert（SME）と協力して状況の収束にあたる

- Subject Matter Expert (SME) ：実際に対応する専門家
  - ICと協力して状況の収束にあたる
  - 障害対応は難易度が高い作業なので、一定以上の知識や技能を持ったエンジニアである必要がある
- Communication Officer (CO) ：関係者や顧客とのコミュニケーション窓口担当
  - ICとSMEが対応に専念し集中して力を尽くせるようサポートするためにとても重要なポジション
  - ICが望む形の情報共有フローやタイミングを構築し遂行する
  - ICに対する横槍が入りがちなので、それらを適切にブロックし、かつコミュニケーション相手をそれなりに安心させる
  - ユーザへの広報の内容やタイミングも掌握する
- Scribe: フロー情報の収集・ストック情報の更新を継続的に行う
  - ICとSMEが対応に専念し集中して力を尽くせるようサポートするためにとても重要なポジション
  - 混乱した現場ではScribeが集める情報が命綱になる
  - 確定/未確定含め正しく簡潔に情報が提示されることでICやCOが適切な判断・発信を行うことができるようになる
  - チャットやWikiを活用することが多いが、場合によってはホワイトボードなど物理媒体の利用もあり得る

なお対応体制が大規模になったときは、上記に加えてSMEを束ねるグループリーダを設ける場合があります。組織構造・力学バランス観点で正しく組織を階層化していくと、少数精鋭ではなくなりコミュニケーションコストが増えて復旧が遠のきます。火事場なので、組織構造・力学観点で正しいバランスの体制や役割ではなく、実務観点で復旧に寄与する体制を組み、役割を与え、果たす必要があります。

参考

- Webエンジニアが知っておきたいインフラの基本
  https://book.mynavi.jp/ec/products/detail/id=33857
- Guide to incident command | Fastly
  https://www.fastly.com/lc/incident-command
- Incident command at the edge | Altitude NYC

https://www.slideshare.net/Fastly/incident-command-at-the-edge-altitude-nyc

- インシデント指揮官トレーニングの手引き |Yakst
  https://yakst.com/ja/posts/5588

ICはタイムマネジメントと継続性に注意しましょう。SMEが迷子になったり、沼にハマっていたりしたら引き上げてあげる必要があります。SMEに問いかけてself-describeさせ、勘や経験に引っ張られていそうなら引き戻すことが必要です。継続性について、二次災害を起こさないために、適切に休息をとる・長引いてきたら交代するなどのケアが必要です。甘いものや休息を適宜注入すること、明るい雰囲気を作ることが生産性･能力発揮に寄与します。ピリピリした空気や暴言が飛び交う状況下の場合、全員の能力発揮が阻害されます。

SMEは勘や経験に頼らないことが重要です。しかし世の中には自分達の能力外のできごともあるので「もうわからんから再起動してみる」のようなアプローチも選択肢に入れる必要があります。

COは丁寧に。ICとSMEの集中力を阻害しないよう、ICとSMEが最大成果を出せるよう支援することが重要です。善意の協力者が曲者だったりするので、きっちりブロックしてあげましょう。

Scribeも丁寧に。ICとSMEの集中力を阻害しないよう、ICとSMEが最大成果を出せるよう支援することが重要です。いつなにをしたか、いつどんな状況だったかを記録し、いまどんな状態かも記録・更新し続けるのがミッションです。ちょっとした懸念事項や最重要ではないタスクを拾い集めて記録しておくことで、Closedまでのトータルの対応品質が大きく変わります。

Note：インシデント対応の深堀ガイド

このあたりの深堀りに興味が出た場合はIncident Command System(ICS)やIncident Management System (IMS) というキーワードを軸に書籍など情報を探してみてください。

6.3 インシデントが Open ステータスのときにやること

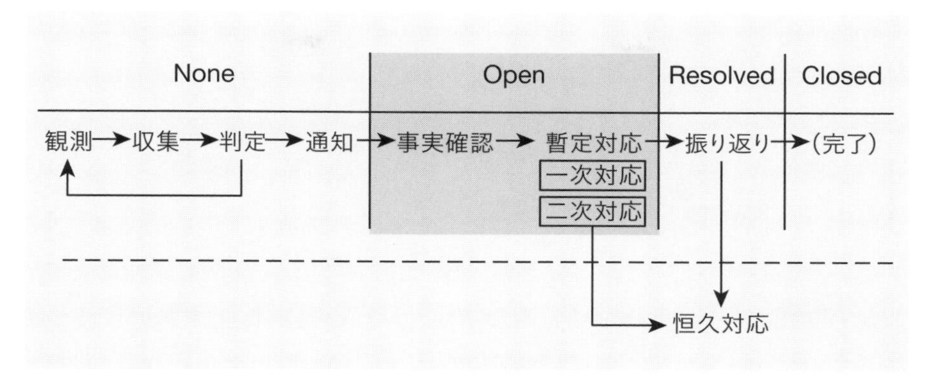

図 6.4：インシデント対応のフロー（Open）

インシデントが Open ステータスのときは、事実確認と暫定対応を行います。Open ステータスの間は、復旧し Resolved ステータスになる（する）ことが目標です。

6.3.1 事実確認

事実確認フェーズでは以下のことをやります。

1. 作業者確定のためのコミュニケーション
2. ドキュメント確認
3. 状況確認

1. 作業者確定のためのコミュニケーション

事実確認を始めるにあたり、まずは自分が対応するということを宣言し、作業の重複を避けます。

自分が対応します宣言をチャットで行うことで発言者とタイムスタンプが記録されるため、後から参加した関係者がわざわざ聞かなくても自身で状況を把握することができます。ここでの「わざわざ聞かなくても」は参加者のための思い遣りではなく、対応中の作業者の手を煩わせないための配慮です。

チケット起点での対応の場合はチケットの担当者を自分に変えます。チケットの更新がチャットに通知されるようになっていると尚良いです。

複数人が同時に同じシステムに対して作業をすると、何をした結果がどうなのかがわからなくなり、インシデント対応を進捗させることができなくなります。

例えば、知らないうちにインフラの設定変更とアプリのデプロイが並走したら、何が原因でどこがどう壊れたのか・直ったのかわからなくなります。直ればまだいいのですが、壊れたらもう迷宮入り確実です。システムに対する作業が並走しないよう調整しましょう。

Note：インシデント対応におけるチャット活用の工夫

インシデント対応においてフロー情報のやりとりにチャットが有用だと認知され、導入されることが多くなってきました。チャットの利用方法は各社工夫を凝らしており、監視システムからの通知やチャットルームを操作するbotなどを組み合わせてそれぞれの現場や組織の特性に合わせて活用しているようです。

- インシデントごとにチャットルームをつくるパターンインシデントごとにスレッドをつくるパターン
- 特定のチャットルームですべてのインシデントを取り扱うパターン

参考

- Mackerel、Treasure Data、Slackを組み合わせて障害検知の初動をサポートする - Qiita
  https://qiita.com/kenchan@github/items/f1e3132d746c88967b2c
- 一時的なチャンネルを作っては捨ててSlackをもっと活用する -#june29jp
  https://june29.jp/2018/12/21/slack-instant-channel/
- invite all members to [channel name] for [topic]
  でチャンネルを作ってトピックを設定して全メンバをチャンネルに入れるBOTのコード
  https://gist.github.com/Mahito/4be3f24bacd715f415eefeccfdafe87b

2. ドキュメント確認

作業者が確定したらドキュメントを確認します。気が逸って、経験や勘や心当たりに基づいて行動してしまいがちですが、初手で必ずドキュメントを確認します。

自分が把握していないバッチ処理により予定された高負荷や、忘れていた計画メンテナンスがあるかもしれません。ドキュメントは人間の知識や記憶を補完してくれます。

前述のとおりドキュメントを記載していれば**システム利用者から見たシステムの正しい状態や振る舞い**と**監視項目ごとの状況確認手順**が記載されているので、この 2 点の記載内容を確認します。

3. 状況確認

ドキュメントに従い状況確認を行います。その結果として、すでに復旧しており緊急対応する必要がない状態であることや、確認した結果 false positive であったため緊急対応不要だとわかることもあります。

利用しているクラウド基盤やサービスのステータスページの確認は特に忘れやすいので、忘れにくくするためにドキュメントに明記しましょう。自分たちのシステムの異常だと考えていろいろ調べたものの実は利用しているクラウド基盤やサービス側のトラブルでした、ということがままあります。

状況確認は基本的にドキュメントのとおりに進めますが、それなりの技術力を持つエンジニアが対応する場合にはドキュメント規定外のところで懸念事項が発生することは珍しくありません。特にオンコール対応の場合はあまり時間をかけてもいけませんが、プラスアルファの確認を行うこと自体は許容 / 推奨されるべきです。

状況の確認方法と確認結果を随時チャットに投稿しておくと、あとから振り返るのに便利です。メッセージのコピー & ペーストやスクリーンショット、スクリーンキャストを活用しましょう。

作業証跡の記録方法は、Linux サーバに ssh ログインして操作するケースであれば、script コマンドを利用した操作履歴取得やプロンプトへの日時記載を利用した証跡保存ができます。操作証跡を記録することを考える場合は記録項目を把握しておきましょう。日時・操作者・操作内容が定番ですが、操作結果が記録できない手法もあります（敢えて結果は記録しないほうが良いという考え方やシーンもあります）。

クラウドサービスの操作証跡記録はクラウドベンダが提供している追跡機能を利用するとよいでしょう。AWS の場合は、CloudTrail で日時・操作内容・操作者が確認できます。

Note：script コマンドを利用した操作履歴記録方法

以下のように実行すると ssh example.com の入出力内容を example.com.20190919_20:22:15.log に保存することができます。

リスト 6.1：script コマンド実行例

```
script -q -c "ssh example.com" example.com.20190919_20:22:15.
log
```

このログは機密情報をガッツリ含むので、きちんと取り扱える状況を作ってから利用してください。

Note：プロンプトへの日時記載

PS1 環境変数に \D{%Y/%m/%d %H:%M:%S} を含めることで、プロンプトを表示した日時 (1 つ前のコマンドの終了日時) をプロンプトに含めることができます。

リスト 6.2：プロンプトでの日時表示の設定例

```
[baba@web ~]$ export PS1="\D{%Y/%m/%d %H:%M:%S} $PS1"
2019/09/19 20:25:27 [baba@web ~]$
```

6.3.2 暫定対応

暫定対応フェーズでは以下のことをやります。

1. 一次対応
2. 二次対応：切り分け・問題箇所の特定
3. 二次対応：非定型回復措置 / 緩和・回避措置

1. 一次対応

ドキュメントに記載された手順で状況確認を行い結果を得たところなので、ドキュメントに記載された判断基準に則り対応を決定し、ドキュメントに記載された手順で対応します。

ここまではプラスアルファの状況確認以外のところであまり創造性を発揮するシーンはなく、ドキュメントに則り粛々と進めます。粛々と進めるといってものんびりしていいわけではありません。テキパキと手早く片付けましょう。筆者が所属するハートビーツでは、一次対応担当者に必要なのは瞬発力とアジリティだと考えています。特にアラートが複数発報した場合はスピードが物を言います。それらが同一のインシデントによるものなのかそれとも別のインシデントなのか、新しいほうのインシデントのユーザ影響の大きさはどうか、情報をすばやく確認し、場合によっては対応する優先順を変更する必要があります（このような優先順の判断・対象の選別を医療系の用語でトリアージと呼びます）。実装上実現可能であれば、ここまでの対応は自己修復機構として系に組み込むとよいです。

対応後には再度状況確認（特にシステム利用者視点での動作確認）を行い、復旧したことを確認します。

ここまでで復旧すればよいのですが、復旧しなかった場合は二次対応へと続きます。

二次対応からは既定の手順がありません。The 障害対応という感じです。しかし、既定の手順はなくても原理原則に基づいた手法はあります。ポイントはまず原因箇所を特定すること。そして復旧のための作業を実施し、復旧しなければ事象の影響を緩和する方法や、事象・原因箇所を回避する方法を検討します。

なお復旧でも回避でも同等に利用者の不利益を回復できる状況や構成であれば、復旧ではなく回避を初手とすることもあります。

Note：二次災害を防ぐための「確実性の高いオペレーション」の実践

障害対応中に操作を誤り二次災害が発生することは、関係者全員にとってとても辛いことです。二次災害を避けるためのコツとして以下があります。

- ペアオペ（ペアオペレーション）を行い作業者の勘違いによる誤りを防ぐ
- 声出し・指差し確認を行い手順飛ばしなどの事故を防ぐ
- コピー & ペーストや補完を活用しタイプミスを防ぐ

ビデオチャットツールの通話機能や画面共有機能を利用すると、リモートでもペアオペや声出し・指差し確認ができます。なお仕組みを整備した上でも作業者本人の知識や技能は必要不可欠であり、継続的な自己研鑽が必要です。

2. 二次対応：問題箇所の特定

二次対応が始まったら、まずは問題発生箇所を特定します。問題発生箇所を特定することを俗に切り分けると言います。

ドキュメントをもとに原理原則に則り対応すれば、スターエンジニアでなくても問題発生箇所の特定は叶います。問題箇所の特定とともに原因がわかればなおよいですが、問題箇所がわかれば原因がわからなくても次の一手が考えられます。

ドキュメントのシステム構成図をもとに、低いレイヤから、データフローを順番に、地道に切り分けていきます。例えば、サーバに接続できなくなった場合には、まず電源ケーブルが繋がっているか、電源が入っているか、ネットワークケーブルは挿さっているか、ネットワークはLink UPしているか、ネットワークのLink速度は正しいか、... などを順番に確認していきます。

このように順番に確認していくことで、コンポーネントやサーバ単位の原因箇所は必ず特定できます。

問題箇所が特定できた先には、原因特定の取り組みがあります。原因特定も勘や経験に頼らず、デプロイされているバージョンを確認する、ログやエラーメッセージを読み解釈する（英語であっても必ず）、想定挙動の確認のためにソースコードや公式ドキュメントを読む（英語であっても必ず）などの基本動作から入るのが重要で近道です。

Note：現代特有のクラウドサービスのステータス把握方法

クラウドサービスで異常が発生しているように見えるもののステータスページが更新されていない場合、Twitter などの SNS を検索してみましょう。SNS には一般利用者からの障害情報（悲痛な声）が流れていることがあります。

普段から悲痛な声が溢れている可能性もあるので確定証拠にはなりませんが、切り分けの足しになることが多いです。

3. 二次対応：非定型回復措置 / 緩和・回避措置

問題箇所が特定できたら回復措置を実施します。このとき、原因が特定できていれば適切な対応が実施できます。前述のとおりペアオペや声出し・指差し確認などを取り入れて、オペレーションの確実性を高めましょう。

原因がわかっていない場合や回復措置で復旧しない場合は、問題箇所を迂回するなどして問題を緩和あるいは回避することを考えます。例えば特定の機能の処理が著しく高負荷でシステム全体の過負荷を招いている場合、その機能の処理負荷を下げられるとベストですが、時間がかかったりリスクが高かったりする場合には緩和・回避措置としてその機能を提供するサーバを物理的に分けて影響を分離したり、その機能を利用停止にすることでシステム全体を救うことを考えます。

知識が豊富で技能や技術力の高いエンジニアであればこの時に多くの選択肢を考えることができ、より適切な対応が叶います。

Example：同時接続数過多による過負荷の対応

同時接続数過多による過負荷でシステム利用不可になるケースの場合、それが正しい接続の場合、本来はインフラ増強などでキャパシティを増やしたり、アプリケーション処理効率改善などでキャパシティあたりの処理量を増やしたりすべきです。例えば筆者が所属するハートビーツでは、オンタイムで RDBMS のスロークエリログを解析して、クエリ改善やインデックス付与を行い性能トラブルを解決することがあります。

しかしその対処が不可能なときは、緩和策として接続元ごとの接続数の制限や、一定の接続数を超えた場合の自動遮断を検討します。

実装方法としては、例えば Linux サーバの場合は denyhosts や、iptables の hashlimit を利用することができます。AWS WAF であれば Rating ベースの制限を利用します。

このような一定の負荷を越えた場合の強制停止機構はサーキットブレーカーと呼ばれます。電気のブレーカーを想像していただくとわかりやすいと思います。

最近はマイクロサービス間での障害影響伝搬抑止目的でサービスメッシュ構成プログラムにサーキットブレーカー機構が実装されています。

Note：Follow The Sun

ものすごくアレな言い方ですが、業務時間外のオンコールは褒められたものではありません。業務時間に集中して業務を行い、業務時間外はフリーであるべきで、各社やむなくやっているというのが実情です。 MSP 事業者は専門の 24 時間体制を持ちそのあたりを緩和していますが、本当はみんな業務時間帯だけ＝太陽が出ている昼間だけ働くようにしたいのです。

地球は丸いので、世界中に時差 6 ～ 8 時間で 3 ～ 4 拠点を設け時差を利用してシフトを組むと、理論的には「昼間だけ働く」と「24 時間 365 日の緊急対応体制」が両立できるはずです。このようなシフトの仕組みを Follow The Sun（太陽を追いかける）と呼びます。

実際に取り組んでみると、利用言語や引き継ぎの手間・正確性、採算などの課題が解決しきれず、実際に運用できている例はあまり聞きませんが、諦めきれる課題ではないので各社は常に方法を模索しています。

6.4 インシデントがResolvedステータスのときにやること

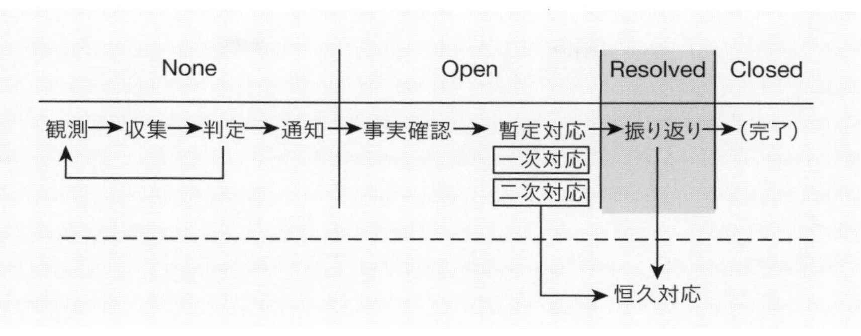

図6.5：インシデント対応のフロー（Resolved）

6.4.1 振り返り

検知した異常が収束しインシデントがResolvedステータスになったら振り返りをしましょう。事象・原因・教訓を明らかにすることでインシデントを糧にします。

振り返りの目的は主に3つあります。これらを念頭に置いて振り返りましょう。

- チームとシステムの未来のために知識や知見を蓄積・共有する
- チームとシステムの未来のために運用を改善する
- 自分の成長の糧にする

全てのインシデントで重厚な振り返りをする必要はありませんが、全てのインシデントは振り返る価値がある貴重な出来事なので、多少なりとも振り返りを行うことをお勧めします。

振り返りを行う上で重要なことがあります。GoogleのSite Reliability Engineeringにあるように、**Avoid Blame and Keep It Constructive**（非難せず、建設的であること）が大前提であり鉄則です。

振り返りをする人も、その振り返りを読む人も、以下の態度が必要です。

- 客観的である

- 人ではなくできごとにフォーカスする
- 非難しない
- 謝罪しない
- 建設的であり続ける

振り返りのシーンでは責任追及をしないので（絶対にやってはいけない）、誤りや不足を明確にすることだけを目的に指摘することは意味がありません。非難せず課題を明らかにした上で、建設的に今後に繋げることが必要です。

Note：Site Reliability Engineeringにおける振り返り

Site Reliability Engineeringでは大規模障害の振り返りをPostmortem（検死）と言う名前で取り上げています。

- Google - Site Reliability Engineering https://landing.google.com/sre/

参考までに筆者が所属する株式会社ハートビーツでは、GoogleのSite Reliability Engineeringを参考に、以下の内容でPostmortemを記述し共有しています。

- 概要
- システム利用者視点での影響範囲と内容検知方法
- 発生～収束までの経緯
  - 時系列に誰が何を行いどのような結果が得られたか
- うまくいったこと
- うまくいかなかったこと
- 幸運だったこと
- 事象の発生原因
- 事象の根本原因
- 恒久対応 / 改善対応

以降はよくあるパターンの恒久対応 / 改善対応例を紹介します。

原因と復旧方法はわかったが根本対策がすぐにできない場合

原因と復旧方法はわかったが根本対策がすぐにできない場合、改善対応として積極的に復旧対応を自動化しましょう。自動化の代わりに人間がコンピュータのように機械的に対応するのは運用の継続性を落とします。

復旧対応の自動化は過剰反応が不安だという話をよく聞きますが、復旧対応を自動化しなければならないほど問題が発生しているのであれば、復旧対応が多少過剰であってもシステム利用者視点では自動化する前よりマシになりますのでご安心ください。

原因は不明だが二次対応により今後の復旧方法が判明した場合

大規模だったり複雑だったりするシステムを運用していると、どうしてそうなるのか（今は）わからないけれど、この症状が出たらこの作業をすると復旧するというような、復旧させる方法がわかることがあります。

症状の詳細と判定方法、発覚経緯と対応方法をドキュメント化しておき、復旧方法を活用しましょう。後から経緯を辿れるよう発覚経緯を明確にしておくことが重要です。

復旧対応をする必要がなかった場合

復旧対応をする必要がなかった場合は、false positive です。改善対応として検知方法や検知基準の見直しを行います。

判断の優先順位は以下のとおりです。

1. 強い通知の false negative をなくす
2. 強い通知の false positive をなくす

特に SLI に関わる部分では false negative を恐れて閾値を厳しくしがちですが、運用の継続性のためには false positive をなくすこともとても重要です。

前提として前述のとおり現代の大規模 Web サービスでは監視システムよりユーザのほうが先に異常に気づくことは避けられません。一番初めに検知することや 100% 検知することを競うのではなく、インシデントを適切にハンドリングするために false negative と false positive をなくしていきます。

弱い通知は対応の緊急性がないため、対応猶予期間内全体において false negative をなくすことを前提に、個々の監視試行において false positive が出ないよう調整します。

実際に監視テクノロジを導入・運用してみると、念のためアラーティングしてみたものの、通知を受けてみたら特に具体的な対応がなかった、あるいは強い通知を使う必要がなかった、ということが多々あります。観測はしつつ、アラーティング（特に強い通知）は積極的に削減しましょう。

システムを運用する上では、システム利用者が気づいた異常をキャッチするための連絡窓口や体制の整備はもちろん、組織内のエスカレーションパスの整備も必要です。DevOpsの文脈でインフラ運用が関係者全員の関心事と言いましたが、当然ながらシステム利用者の反応やシステム利用者が得る価値は関係者全員の関心事です。

既存の手法で的確に検知できなかった場合

false positive/false negativeに関わらず、既存の手法で異常を的確に検知できないことがよくあります。

その場合は検知方法を改善する必要があります。理屈としてはわかりますし、やればできることです。ところが現実の運用フェーズではさまざまなタスクがあり、重要だが緊急ではない改善を積み重ねることは実現が難しくなりがちです。しかしそこが差別化であり肝なので、根性と執念と仕組みで実現しましょう。仕組みは前述のSREに関する書籍をご参照ください。

検知方法の改善は、典型的には閾値変更や検知機構のカスタマイズを行います。検知機構がシンプルでカスタマイズが容易なことは、監視システムを使い込んでいくと違いとして表れてきます。

対策として「気をつける」「作業者の教育を行う」しか出てこない場合

作業ミスに起因するトラブルの場合、真面目に分析した結果として再発防止策が「気をつける」「作業者の教育を行う」しか出てこない場合が稀に……よくあります。人間が介在する段階でミスは0にできないものなので、人間が介在するのにミスの発生が予想・計画されていないのは設計誤りです。予算等の都合もありますが、ミスを予測可能性が低目なリスクとして許容する（そしてダメージコントロールする）か、人間が介在しないよう自己修復機能を実装するのが現実解です。

6.5 恒久対応 / 改善対応

前述のとおりシステムやサービスは何もしないと朽ちて壊れていくので、システムやサービスの健全な状態を保つためには恒常的・継続的な改善が必要不可欠です。暫定対応や振り返りの中で発生・発見した恒久対応や改善対応を実施しましょう。前述のとおりインシデント対応とは別のタスクとして管理すべきです。

継続的な恒久対応 / 改善対応をサボると運用負荷が積み重なりやすく、運用という仕事が辛くなってしまいがちになり、ひいてはサービスやシステムの健全性や継続性を損なうことになります。急場を凌いだあとの対応もやりきりましょう。

Note：原因解明と再発防止

どのような状態になったらインシデントの発生原因が解明できたと言えるでしょうか。鍵になるのは以下の点です。

- 最小の再現条件が明確であること
- 第三者が別の環境で再現できること
- 再現条件からインシデントに至るメカニズムが説明できること

最小の再現条件を突き詰めているといままで触れていなかった領域に触れる必要が出てくることが多々あります。例えばアプリケーションの挙動を追っているうちにミドルウェアやランタイムの実装を調べたり、OS のシステムコールの実装を調べたりすることはよくあります。「ここから先は自分の領域ではない」と考えず、必要な領域の知識を随時獲得していきましょう。

再発防止は「上手な利用方法」(= 運用回避) ではなく「再発しないようプログラムを改修」がベストケースです。Upstream (本家) で修正がなされることを目指して活動します。プロプライエタリソフトウェアの場合はベンダーへのサポート依頼、OSS の場合は Issue やパッチを送るなどの活動を行います。

いずれもかなり執念と根性が必要な息の長い対応になりますが、このような活動を継続的に実施することがシステムの安定化に必要です。またこのような活動はエンジニアとしての技術力向上に大きく寄与します。

Chapter 7

監視構成例

7.1 チェック、メトリクス、ログ、トレース、APMの構成例

監視ツールは、日々機能拡張され他ジャンルの機能を取り込んでいます。本章では典型的な構成例をいくつか紹介しますが、本章に紹介した以外の組み合わせ方が可能であり、機能拡張によって本章とは異なる構成がベターになる可能性があります。1つのツールに寄せていくもよし、目的ごとにツールを変えるもよし。システムと体制の状況によりメリットが変わるので、日々見直して変化させることを是とする基本スタンスでいきましょう。

ツールの選定指針は第4章監視ツールどれにしよう問題で紹介したとおりです。

OSSであれクラウドサービスであれ、「そのプロダクトが作られた目的に合致する」用途で利用するのが鉄則です。援用可能だから、申し訳程度で機能追加されているから、という理由で本来の目的と外れた用途で利用すると後で泣きを見ます。チェック目的であればチェック用途のツール、メトリクス目的であればメトリクス用途のツールというように、目的に合致するツールを組み合わせて利用するのが適切です。

例えば、すでにOSSのチェック、メトリクスツールが導入されているシステムにおいて、後付けでログとAPMを導入するにあたり、ログとAPMのみクラウドを活用するのはよくあるシナリオです。

それぞれ変化の激しいジャンルなので、All in Oneを謳う1つのプロダクトで済ませるよりは小さなツールを組み合わせるほうが扱いやすいことが多いですが、これはAll in Oneのプロダクトを避けるべきという意味ではありません。

7.1.1 伝統的なOSSを利用した監視システム

伝統的なOSS監視システムと言えばNagiosです。この例はチェックをNagiosに集約し他のツールを組み合わせるパターンです。なおGrafanaやGraylogはそれぞれチェックの機能も持っているので、Nagiosに集約しない利用方法も可能です。

メトリクスはStatsDで観測したデータをGraphiteに投入し、Grafanaを用いて閲覧します。ログはSyslogや、GraylogのGELF（Graylog Extended Log Format）Libraryを利用してGraylogに集約します。

APMやトレースはOpenTelemetry（OpenCensus）を利用して観測しJaeger

に集約します。

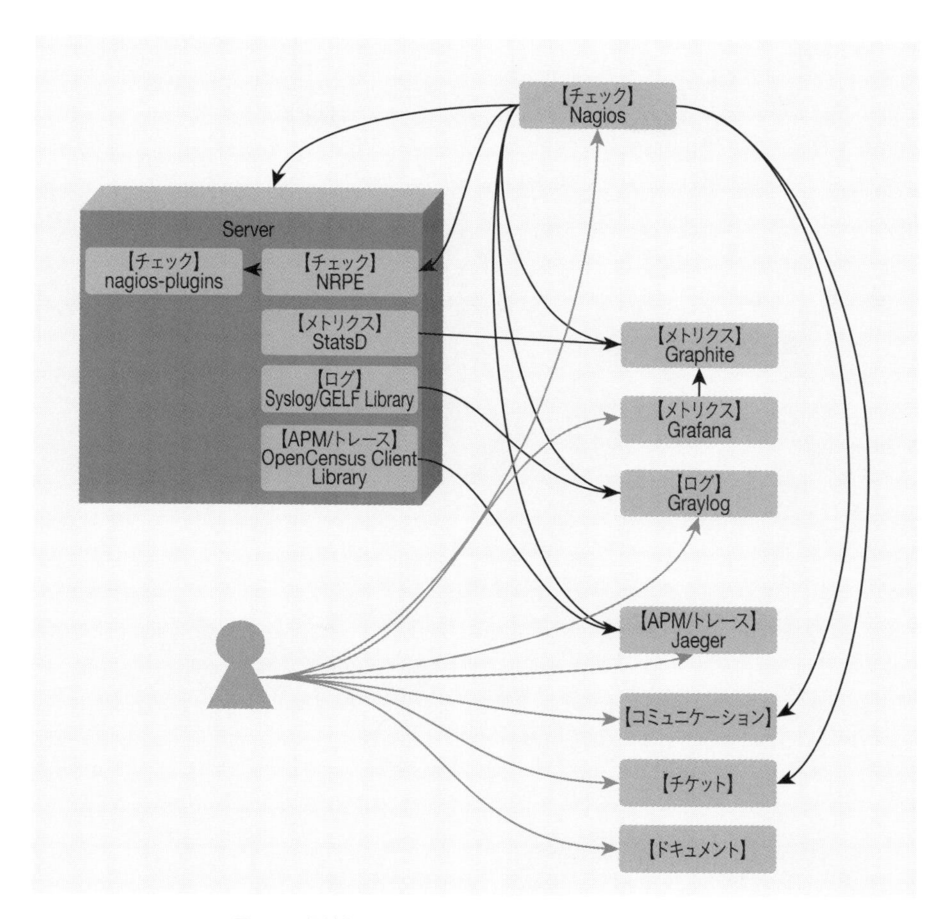

図 7.1：伝統的な OSS を利用した監視システムの構成例

- Nagios - The Industry Standard In IT Infrastructure Monitoring
  https://www.nagios.org/
- GitHub - statsd/statsd: Daemon for easy but powerful stats aggregation
  https://github.com/statsd/statsd
- Graphite
  https://graphiteapp.org/

- Grafana: The open observability platform | Grafana Labs
  https://grafana.com/
- Industry Leading Log Management | Graylog
  https://www.graylog.org/
- OpenTelemetry
  https://opentelemetry.io/
- OpenCensus
  https://opencensus.io/
- Jaeger: open source, end-to-end distributed tracing
  https://www.jaegertracing.io/

特徴

メリット

- 個々の要素が比較的シンプルで理解しやすい
- プロダクトのバージョンを自分の都合でコントロールできる
- 挙動など実態を理解するためにソースコードを自分で確認することができる
- 意図しない挙動を確認した際にソースコードを自分で確認することができる
- 不備や不満があった場合、自分で修正や拡張ができる
- 監視テクノロジについてボトムアップで学ぶのに最適

デメリット

- 自身で設計・構築・運用する必要がある
- 障害の影響範囲を切り分けるためには監視対象システムと別の基盤を用意して監視システムを配置する必要がある

7.1.2 最近の OSS を利用した監視システム

最近の OSS 監視システムと言えば Prometheus です。この例は Prometheus を軸に他のツールを組み合わせていくパターンです。Nagios の例と比較して構成要素が減りかなりスッキリしました。

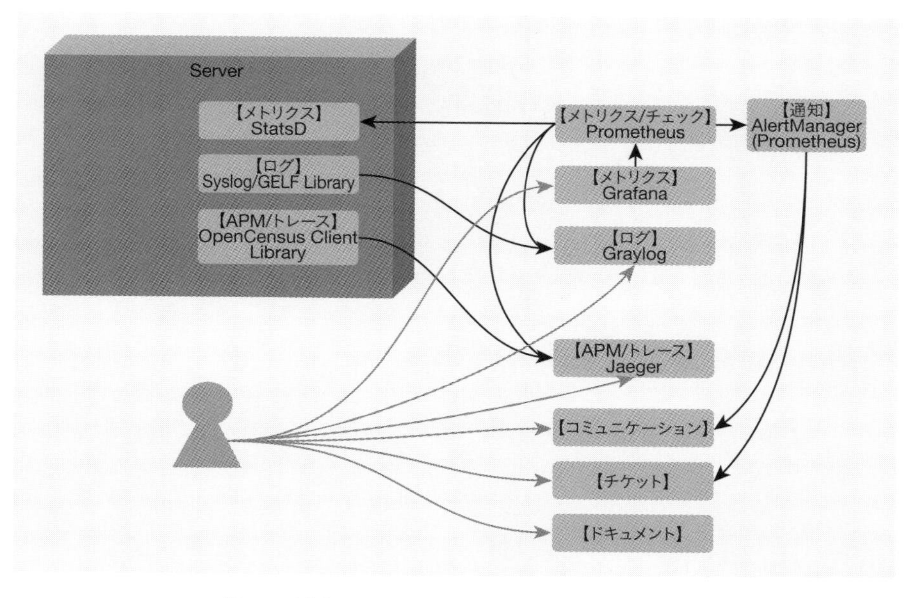

図 7.2：最近の OSS を利用した監視システムの構成例

- Prometheus - Monitoring system & time series database
  https://prometheus.io/

特徴

メリット

- 扱うプロダクトが少ないため情報収集や管理手間が軽減できる
- プロダクトのバージョンを自分の都合でコントロールできる
- 挙動など実態を理解するためにソースコードを自分で確認することができる
- 意図しない挙動を確認した際にソースコードを自分で確認することができる
- 不備や不満があった場合、自分で修正や拡張ができる

デメリット

- 自身で設計・構築・運用する必要がある
- 障害の影響範囲を切り分けるためには監視対象システムと別の基盤を用意して監視システムを配置する必要がある

7.1.3 SaaS利用

この例はチェック/メトリクスのMackerelを軸に、ログにLoggly、APM/トレースにNew Relic APMを組み合わせるパターンです。

SaaSはジャンル特化のサービスは少なく垂直統合を志向してジャンルを拡大する傾向がありますが、本章ではジャンルを絞ったサービスを中心に紹介します。市場や各サービスの機能が成熟したら、All in OneのSaaSも検討に値すると思います。

All in OneのSaaSはDatadogやNew Relicが定番です。執筆時点で一番勢いがあるのはDatadogだと感じます。

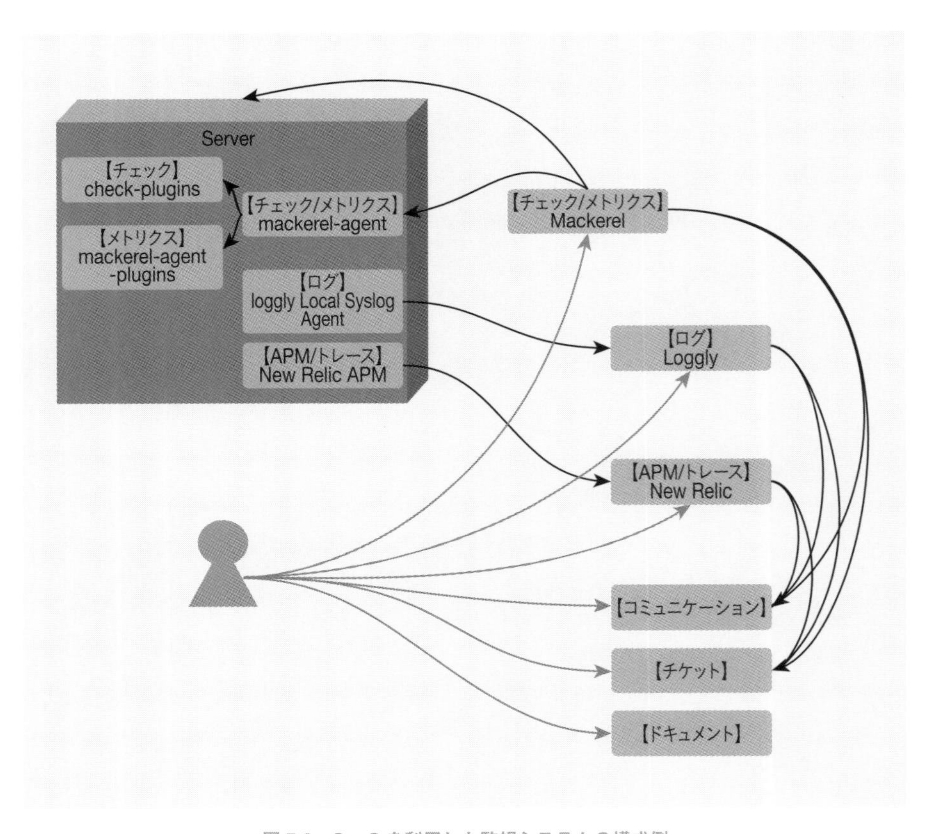

図7.3：SaaSを利用した監視システムの構成例

- Mackerel（マカレル）：新世代のサーバー管理・監視サービス
  https://mackerel.io/ja/

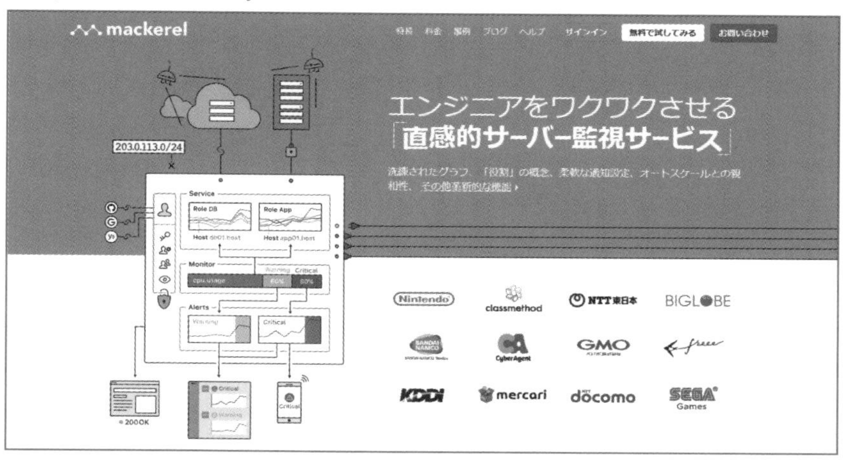

Mackerel

- Log Analysis | Log Management by Loggly
  https://www.loggly.com/

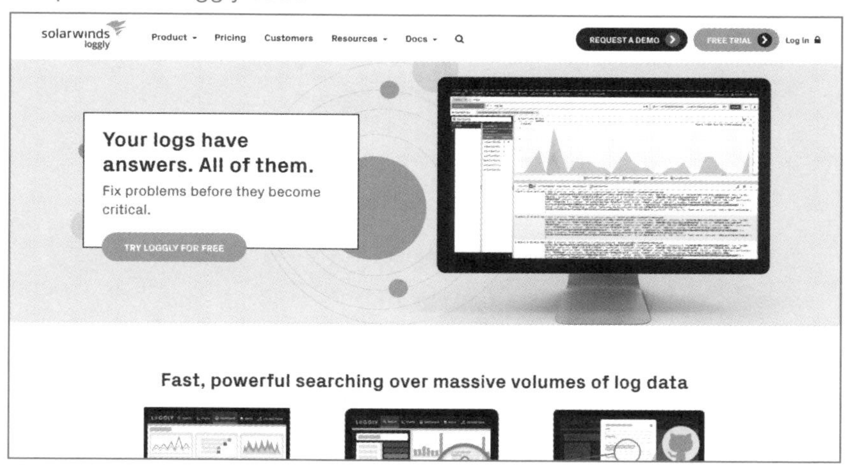

Log Analysis

- New Relic: アプリケーションパフォーマンスの監視・管理
  https://newrelic.co.jp/products/application-monitoring

New Relic

- クラウド時代のサーバー監視 & 分析サービス | Datadog
  https://www.datadoghq.com/ja/

Datadog

Chapter 7

特徴

メリット

- 自身で設計・構築・運用する必要がない
- 常に最新のシステム・機能を利用することができる

デメリット

- 監視対象と監視システムが同一影響範囲に含まれる可能性がある (要確認)
- 意図しない挙動や不備・不満があった場合に対処できない可能性がある
- SaaS 側の都合で関連プロダクトのバージョンの更新が必要になることがある

7.1.4 クラウド基盤組み込みのもの

これは AWS（Amazon Web Services）で完結するよう構成した例です。AWS に限らず、GCP（Google Cloud Platform）、Azure（Microsoft Azure）など、大手クラウドはひととおりの監視ツールを提供しています。

CloudWatch シリーズを軸に、外形監視用途に Route53 のヘルスチェック機能を利用し、APM/ トレースに X-Ray を組み合わせます。

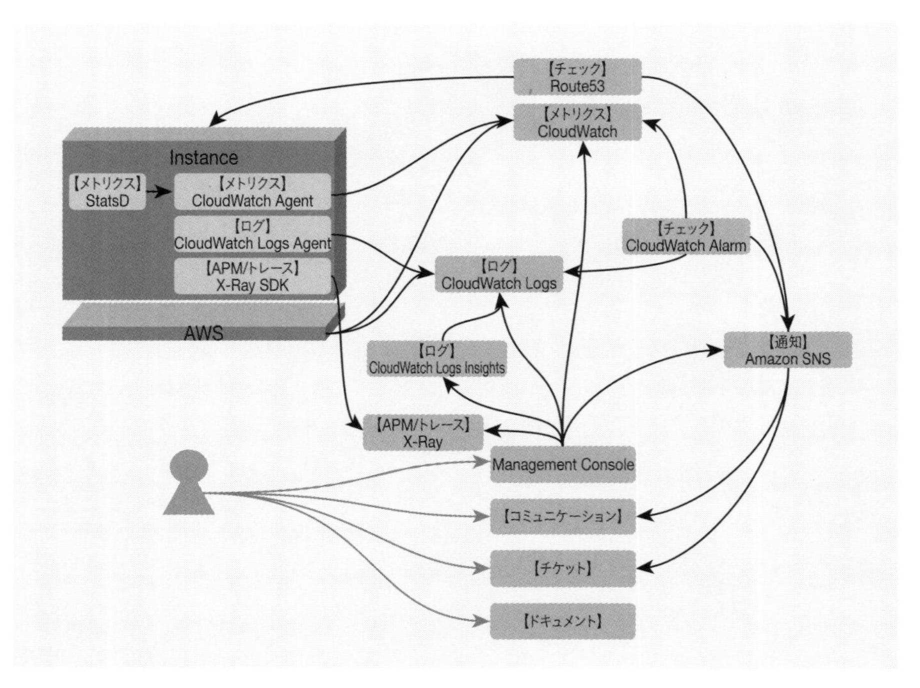

図 7.4：クラウド基盤組み込みのものを利用した監視システムの構成例

- Amazon CloudWatch（リソースとアプリケーションの監視と管理）| AWS
  https://aws.amazon.com/jp/cloudwatch/
- Amazon Route 53（スケーラブルなドメインネームシステム（DNS））| AWS
  https://aws.amazon.com/jp/route53/
- Amazon Route 53 ヘルスチェックの作成と DNS フェイルオーバーの設定 - Amazon Route 53
  https://docs.aws.amazon.com/ja_jp/Route53/latest/DeveloperGuide/dns- failover.html
- AWS X-Ray（分散アプリケーションの分析とデバッグ）| AWS
  https://aws.amazon.com/jp/xray/
- Amazon SNS（サーバーレスアプリのための pub/sub メッセージングサービス）| AWS https://aws.amazon.com/jp/sns/

特徴

メリット

- 自身で設計・構築・運用する必要がない
- 常に最新のシステム・機能を利用することができる
- 利用料請求がインフラ費用と一本化できる

デメリット

- 監視対象と監視システムが同一影響範囲に含まれる
- 意図しない挙動や不備・不満があった場合に対処できない可能性がある
- クラウド側の都合で関連プロダクトのバージョンの更新が必要になることがある

Note：マルチベンダ・マルチクラウドもアリ

筆者はエンジニアリングにおける道具の選定について、課題を解決するために適切な道具を使うのが好ましいと考えています。たとえAll in Oneなプロダクトやクラウドベンダのサービスを利用していてその中に似た機能があったとしても、より適切なツールが他のところにあるのであればそちらを使うべきです。

最近だと各社の機能が一通り出揃っており、その上で各社が特色を出す形で差別化を進めています。基本的にAll in OneのプロダクトOを使うもののAPMだけ別のプロダクトを使う（例：主にDatadogを使うがAPMはNew Relic)、ログ収集と分析だけ別のクラウドを使う（例：主にAWSとCloudWatchを使うがログはGCPのBigQuery）というのは全然アリです。なお選定の際には構成要素が増えることによる可用性の低下を考慮し、異常発生時の代替手段を検討しておくことをお忘れなく。

7.2 通知、コミュニケーション、ドキュメント、チケットの構成例

監視ツールのうち通知、コミュニケーション、ドキュメント、チケットは、ステークホルダが直接触れるツールということもあり、選定に現場 / プロジェクトごと固有の事情が深く絡みがちです。

保守的になりすぎるのはよくありませんが、先進的すぎてステークホルダが使ってくれないと本末転倒です。少しずつ変化に慣れてもらいながら、システムの成果が最大化するところへ誘導しましょう。

ツールの選定指針は第 4 章監視ツールどれにしよう問題で紹介したとおりです。より多くのステークホルダが日々触れるシステムであり一般的に変化への抵抗が大きくなりがちですが、変化し続けることは重要な生存戦略なので、日々見直して変化させることを是とする基本スタンスでいきましょう。

7.2.1 伝統的なツールセット

伝統的なオンラインコミュニケーションツールと言えばメールです。 これはメーリングリストだけで済ませる場合の例です。

電話で通知するためには公衆電話網への接続が必要になるので、PagerDuty のような架電対応サービス利用するか、MSP などが提供するエスカレーションサービスを利用します。

表 7.1：伝統的なツールセットの例

ジャンル	ツール
通知	メール、電話
コミュニケーション	メーリングリスト
ドキュメント	テキストやPDF、Microsoft Wordなどのファイルをメーリングリストで共有
チケット	メーリングリスト

- PagerDuty | Real-Time Operations | Incident Response | On-Call | PagerDuty https://www.pagerduty.com/

特徴

メリット

- 恐らく多くのケースで新たなツールの導入とはならないので導入障壁が低く、クイック・スモールスタートしやすい

デメリット

- 監視対象と監視システムが同一影響範囲に含まれる可能性がある（要確認）
- 通知メールはスパム判定されがちな要素を多く含むため、スパム判定されずにステークホルダにきちんと届ける難易度が高い
- 特に最近のチケットシステムはメーリングリストの弱点を克服し生産性をあげる効果が高いため、チケットシステムではなくメーリングリストを使い続けると世間・競合に遅れをとる可能性が高い

7.2.2 最近のツールセット

最近のオンラインコミュニケーションはメールではなく、リアルタイム寄りはチャット、それ以外はチケット（チケットのコメント）が主役だと思います。

チャットはSlackがメジャーで、他にはMicrosoft TeamsやGoogle Hangouts Chat、Chatworkの話題をちらほら聞く程度です。

ドキュメントとチケットは大抵ひとつのツールが必要な機能を有しています。

表 7.2：最近のツールセットの例

ジャンル	ツール
通知	チャット、電話
コミュニケーション	チャット、チケット
ドキュメント	ソースコードリポジトリツール(GitHub/GitLab)またはプロジェクト管理ツール(Redmine / Backlog)のWiki機能
チケット	ソースコードリポジトリツール(GitHub/GitLab) またはプロジェクト管理ツール(Redmine / Backlog)のIssue機能

- Slack https://slack.com/intl/ja-jp/
- Microsoft Teams - グループ チャット ソフトウェア
  https://products.office.com/ja- jp/microsoft-teams/group-chat-software
- Google Hangouts Chat | G Suite
  https://gsuite.google.co.jp/intl/ja/products/chat/
- Chatwork | ビジネスコミュニケーションをこれ一つで
  https://go.chatwork.com/ja/
- GitHub https://github.com/
- Redmine https://www.redmine.org/

特徴

メリット

- それぞれの目的に叶う適切なツールを利用することでスムーズに運用できる

デメリット

- 監視対象と監視システムが同一影響範囲に含まれる可能性がある（要確認）
- 複数のシステムやプロジェクトを担当する際に情報が統合しづらく一覧性が下がりがち

索引

か行

さ行

た行

な行

は行

ま行

ら行

おわりに

本書ではシステム監視（モニタリング）について歴史や基礎からじっくり学んでいただきました。昨今監視（モニタリング）が注目されているのは、DevOpsに始まったInclusiveな思考・振る舞いを是とする流れを受けて皆が必要なものを考え直した結果だと筆者は考えています。この流れは当面止まりそうになく、今後監視（モニタリング）はWebエンジニアの必須知識・教養として定着していくと思います。

「はじめに」ではだいぶエモいことを書きましたが、本書をきっかけにシステム監視に興味を持つ方が増え、またシステム監視がより広まり・深まることを願っています。

より楽しい・より素晴らしい明日のインターネットのために、いちエンジニアとして力になれたら幸いです。

株式会社ハートビーツ 馬場 俊彰 ばば としあき
静岡県の清水出身。電気通信大学の学生時代に運用管理からIT 業界入り。MSPベンチャーの立ち上げを手伝ったあと、中堅SIer にて大手カード会社のWeb サイトを開発・運用するJava プログラマを経て現職。在職中に産業技術大学院大学に入学し無事修了。
現在はソフトウェアエンジニア・インフラエンジニア・技術統括責任者として運用現場のソフトウェアエンジニアリング推進に従事。
現在メインのプログラミング言語はPython とGo。執筆環境はVim(Neovim) とMkdocs、pptrhtmltopdf、ArchLinux。

カバー・ブックデザイン：玉利 樹貴
本文イラスト：玉利 樹貴
DTP：田崎 隆史
担当：畠山 龍次

Webエンジニアのための
監視システム実装ガイド

2020年 3月24日 初版第1刷発行

著者　馬場 俊彰
発行者　滝口 直樹
発行所　株式会社 マイナビ出版
〒101-0003　東京都千代田区一ツ橋2-6-3 一ツ橋ビル 2F
TEL：0480-38-6872（注文専用ダイヤル）
TEL：03-3556-2731（販売）
TEL：03-3556-2736（編集）
E-Mail：pc-books@mynavi.jp
URL：https://book.mynavi.jp
印刷・製本　シナノ印刷株式会社

ISBN 978-4-8399-6981-3